清华开发者书库

树莓派智能系统设计与应用

微课视频版

王 勇 ◎ 编著

清华大学出版社
北京

内 容 简 介

本书系统讲解了树莓派智能系统设计与 Python 编程，内容涉及传感器接口、物联网开发、语音、图像、视频等方面的应用。全书共 8 章，分别介绍了树莓派的使用与配置过程、Python 程序设计基础知识、树莓派 GPIO 与传感器接口、环境参数监测智能小车、树莓派本地服务器构建与 Web 端监控软件以及树莓派在语音、视觉和深度学习中的典型应用。通过本书的学习，读者可以快速掌握树莓派智能系统的设计与应用。

为便于读者高效学习，快速掌握树莓派智能系统的开发与实践，作者制作了完整的源代码以及典型案例的讲解视频，并且收集、整理了大量学习必备的资料与工具。

本书适合作为高等院校电子信息类专业学生学习嵌入式系统、人工智能、Python 编程语言相关课程的参考书，也可以作为树莓派爱好者的自学用书。

本书封面贴有清华大学出版社防伪标签，无标签者不得销售。
版权所有，侵权必究。举报：010-62782989，beiqinquan@tup.tsinghua.edu.cn。

图书在版编目(CIP)数据

树莓派智能系统设计与应用：微课视频版/王勇编著.—北京：清华大学出版社，2022.5(2024.2 重印)
(清华开发者书库)
ISBN 978-7-302-60221-7

Ⅰ.①树⋯ Ⅱ.①王⋯ Ⅲ.①软件工具－程序设计 Ⅳ.①TP311.561

中国版本图书馆 CIP 数据核字(2022)第 033359 号

责任编辑：曾 珊 李 晔
封面设计：李召霞
责任校对：李建庄
责任印制：杨 艳

出版发行：清华大学出版社
网　　址：https://www.tup.com.cn，https://www.wqxuetang.com
地　　址：北京清华大学学研大厦 A 座　　邮　编：100084
社 总 机：010-83470000　　邮　购：010-62786544
投稿与读者服务：010-62776969，c-service@tup.tsinghua.edu.cn
质量反馈：010-62772015，zhiliang@tup.tsinghua.edu.cn
课件下载：https://www.tup.com.cn，010-83470236

印 装 者：天津安泰印刷有限公司
经　　销：全国新华书店
开　　本：186mm×240mm　　印　张：14.25　　字　数：322 千字
版　　次：2022 年 5 月第 1 版　　印　次：2024 年 2 月第 4 次印刷
印　　数：3501～6500
定　　价：59.00 元

产品编号：094268-01

前言
PREFACE

  树莓派是一款价格低廉、功能强大的卡片式计算机。目前,已发布最新一代的树莓派4B,但仍有大量的树莓派玩家还是在使用3B/3B+,此外,对于一般的智能系统硬件设计与软件开发,树莓派3B/3B+完全可以胜任。

  现有关于树莓派的网络资源非常丰富,但部分内容相对陈旧,一些方法与步骤已经失效,甚至还有一些存在错误,给树莓派的初学者带来了一定的困扰。本书将详尽介绍树莓派的使用方法与开发流程,全书图文并茂,内容新颖,案例翔实,循序渐进,既包括树莓派初学者需要掌握的基础知识,也包括综合性应用案例,其主要特点是:全面、系统地讲解了树莓派配置过程与开发流程;对于应用过程中可能遇到的问题以及注意事项专门做了批注;结合作者的体会与经验进行了必要的讲解与分析;特别是,应用实例中介绍了人工智能技术的相关应用。

  全书共8章。第1章对树莓派的基本知识与常用技巧进行了汇编与整理,便于读者快速了解与掌握树莓派的使用与配置过程;第2章介绍了Python开发环境与程序设计的基础知识;第3章介绍了树莓派GPIO的硬件资源,详细讲解了树莓派与常用传感器模块的接口电路与程序设计;第4章介绍了集环境参数监测、网络视频监控、GPS定位、语音播报以及远程控制等功能于一体的树莓派小车的设计与实现过程;第5章介绍了基于树莓派构建本地服务器的过程,并通过Web端监控软件实现远程数据采集、传输以及对监测节点进行控制;第6~8章通过具体的综合案例讲解了树莓派在智能语音、计算机视觉以及深度学习领域中的应用,为读者基于树莓派开发设计更高层级的智能系统奠定基础。

  在本书的编写过程中参阅了与树莓派有关的书籍与网络博文,部分代码在借鉴GitHub资源的基础上结合具体应用做了修改与整合,在此对所有参考书籍与文献的作者表示感谢。书中所有代码经作者测试可用,兼容现有的树莓派3B、3B+和4B,代码可在本书配套资源中下载。此外,本书部分章节还配有讲解视频,便于读者学习和掌握书中的相关内容。限于作者的知识水平,书中难免存在一些问题或不妥之处,恳请广大读者批评指正。

作 者
2022年2月

学 习 建 议

- **本书定位**

本书可作为电子信息类相关专业本科生、研究生的嵌入式系统、物联网以及人工智能相关课程的辅助用书,也可供相关研究人员、工程技术人员阅读参考。

- **学习方式**

本书以树莓派构建智能系统为主线,涉及传感器接口、物联网应用、语音、图像、视频等方面的应用,各章内容是独立的,前后章节又有一定的衔接。对于初学者,建议认真学习本书第1、2章的基础内容之后,再进行后续内容的学习。对树莓派与Python编程有一定基础的读者,可以直接选择自己感兴趣的章节进行学习,也可以从前往后、由浅入深地渐进学习。

树莓派实践性非常强,建议读者多动手。只有这样,才能真正理解和掌握系统设计与算法编程。学习过程中,可能会碰到各种问题,要学会通过网络去查找解决方法。特别提醒读者:

(1) 需要留意本书中加注的说明,这有助于解决常见问题,少走弯路。

(2) 认真观看视频讲解,加深对操作步骤与源代码的理解,有助于提高学习效率。

本书主要面向实际操作,读者只需要跟着书中步骤进行操作即可实现相应功能。在掌握了已有案例的基础上,再根据自己的需要进行扩展与开发。

- **典型案例视频讲解**

视 频 名 称		时长/min	对应书中的内容
视频1	镜像烧写与系统设置	30	第1章
视频2	Python基础知识	60	第2章
视频3	串口配置与GPS模块编程	20	3.2.1节、3.2.2节
视频4	语音合成与智能小车远程控制	20	4.3节、4.4节
视频5	树莓派物联网监测系统	20	第5章
视频6	语音控制树莓派小车	20	6.1节、6.2.1节
视频7	树莓派手势识别	15	7.3节
视频8	YOLO-Fastest目标检测	30	8.1节

本书配套资源包括源代码、典型案例的讲解视频以及学习必备的资料与开发工具等,都可从清华大学出版社网站的本书页面获取。

目录
CONTENTS

第 1 章　树莓派快速入门 ··· 1
 1.1　树莓派简介 ··· 1
 1.2　树莓派硬件组成 ··· 3
 1.3　系统安装及备份 ··· 4
  1.3.1　安装 Raspbian 系统 ·· 4
  1.3.2　重启/关闭树莓派 ·· 8
  1.3.3　系统备份 ··· 8
 1.4　树莓派配置 ·· 14
 1.5　Raspbian 系统管理 ·· 16
  1.5.1　Linux 常用命令 ·· 16
  1.5.2　Linux 权限设置 ·· 17
  1.5.3　Raspbian 文件系统 ··· 18
  1.5.4　文本编辑器 ·· 19
  1.5.5　包管理器 ··· 20
  1.5.6　切换国内更新源 ··· 21
 1.6　树莓派网络连接 ··· 22
  1.6.1　有线网络 ··· 22
  1.6.2　无线网络 ··· 23
 1.7　远程连接树莓派 ··· 25
  1.7.1　使用 SSH 连接树莓派 ·· 25
  1.7.2　远程桌面连接树莓派 ·· 27
 1.8　远程传输文件 ·· 28
  1.8.1　FileZilla 传输文件 ·· 28
  1.8.2　Samba 实现文件共享 ··· 29

第 2 章　Python 基础知识 ··· 30
 2.1　Python 简介 ··· 30

2.1.1 Python 的特点与基本原则 ………………………………………………… 30
2.1.2 树莓派 Python 编程环境 ……………………………………………… 31
2.1.3 pip 安装 Python 库/包 ………………………………………………… 33
2.1.4 更换国内 pip 源 ………………………………………………………… 33
2.1.5 Python 常用库与模块 ………………………………………………… 35
2.1.6 Jupyter Notebook …………………………………………………… 35
2.2 Python 编程基础 …………………………………………………………… 37
2.2.1 数据类型 ……………………………………………………………… 37
2.2.2 基本语法 ……………………………………………………………… 40
2.2.3 函数 …………………………………………………………………… 44
2.2.4 类和实例 ……………………………………………………………… 45
2.2.5 import 导入模块 ……………………………………………………… 47
2.2.6 文件的使用 …………………………………………………………… 48
2.2.7 异常 …………………………………………………………………… 50
2.2.8 多进程与多线程 ……………………………………………………… 51

第 3 章 传感器接口与编程 ………………………………………………………… 56

3.1 GPIO 接口简介 ……………………………………………………………… 56
3.2 GPS 定位 …………………………………………………………………… 57
    3.2.1 树莓派串口配置 ……………………………………………………… 57
    3.2.2 GPS 模块接口与编程 ………………………………………………… 59
    3.2.3 百度地图 GPS 定位 …………………………………………………… 63
3.3 烟雾/可燃气体检测 ………………………………………………………… 65
3.4 温湿度检测 ………………………………………………………………… 67
3.5 大气压检测 ………………………………………………………………… 69
3.6 空气质量检测 ……………………………………………………………… 74
3.7 数字指南针 ………………………………………………………………… 78
3.8 超声波测距 ………………………………………………………………… 82

第 4 章 树莓派智能小车 …………………………………………………………… 84

4.1 摄像头控制 ………………………………………………………………… 84
    4.1.1 摄像头安装与配置 …………………………………………………… 84
    4.1.2 摄像头基本操作 ……………………………………………………… 85
    4.1.3 开启网络视频 ………………………………………………………… 87
    4.1.4 异常触发开启摄像头 ………………………………………………… 89
    4.1.5 摄像头云台控制 ……………………………………………………… 91

4.2 电机控制 …… 95
4.3 语音播报 …… 99
 4.3.1 eSpeak 语音合成 …… 99
 4.3.2 百度在线语音合成 …… 100
4.4 智能小车搭建与远程控制 …… 103
4.5 开机自启动 …… 108

第 5 章 树莓派物联网监测 …… 110

5.1 服务器环境搭建 …… 110
 5.1.1 安装 Apache 服务器 …… 110
 5.1.2 安装 MySQL 数据库 …… 110
 5.1.3 安装 PHP …… 112
 5.1.4 安装 phpMyAdmin …… 112
5.2 树莓派状态读取 …… 114
5.3 内网穿透 …… 115
5.4 Web 软件开发 …… 119
 5.4.1 数据库设计 …… 122
 5.4.2 地图显示 …… 124
 5.4.3 监测数据图表显示 …… 130
 5.4.4 节点远程控制 …… 132
 5.4.5 树莓派运行状态监控 …… 136
 5.4.6 4G 网络远程访问 …… 137

第 6 章 树莓派智能语音应用 …… 139

6.1 麦克风语音输入配置 …… 139
6.2 语音控制树莓派小车 …… 140
 6.2.1 语音控制 …… 140
 6.2.2 热词唤醒 …… 142
 6.2.3 离线语音识别 …… 145
6.3 智能语音机器人 …… 148
6.4 自然语言处理 …… 154
 6.4.1 中文分词与关键词提取 …… 154
 6.4.2 对话情绪识别 …… 156

第 7 章 树莓派机器视觉应用 …… 161

7.1 OpenCV 的安装与使用 …… 161

7.2 人脸检测与识别 ··· 164
   7.2.1 人脸检测 ·· 164
   7.2.2 人脸识别 ·· 167
7.3 手势识别 ··· 174
7.4 运动目标检测 ·· 179
7.5 运动目标跟踪 ·· 183
7.6 显著性检测 ··· 187

第8章 树莓派深度学习应用 ··· 194

8.1 YOLO-Fastest 目标检测 ·· 194
8.2 人流量统计 ··· 202
8.3 文本检测与识别 ·· 212

参考文献 ··· 216

第 1 章 树莓派快速入门

镜像烧写与系统设置

本章介绍树莓派的基础知识、配置过程以及树莓派开发设计中的常用工具,以便读者快速了解与掌握树莓派的配置过程与使用方法。

1.1 树莓派简介

随着计算机硬件的微型化和物联网技术的快速发展,市面上出现了越来越多的微型计算机,而树莓派(Raspberry Pi)就是其中的佼佼者。它是一款基于 ARM 的微型计算机主板,以 MicroSD 卡为内存硬盘,卡片主板周围有 USB 接口和以太网接口,可连接键盘、鼠标和网线,同时拥有 HDMI 高清视频输出接口,以上部件全部整合在一张信用卡大小的主板上,可谓"麻雀虽小,五脏俱全",具备计算机的所有基本功能。和现有的平板电脑不同,树莓派底层是一套完整的 Linux 操作系统,可以在个人计算机上执行的 Linux 程序几乎都可以在树莓派上执行。自从树莓派推出以来,全球销量已经超过了 3000 万件。今天,这种造价 35 美元的单板计算机已成为全球第三大畅销的计算机。

2012 年 2 月,Raspberry Pi Model B 正式发售,它的出现在计算机发展史上具有里程碑的意义。2014 年 7 月,改良版树莓派 B+ 发布。与树莓派 B 型相比,虽然同样采用了 BCM2835 处理器和 512MB 内存,但是其 USB 2.0 接口扩展为 4 个,GPIO 引脚也增至 40 个,具有更好的硬件扩展性。此外,树莓派 B+ 采用了推入式的 MicroSD 卡槽,视频接口和音频接口也整合为一个混合接口。在电源方面,它将线性稳压器升级为开关稳压器,拥有了更稳定的供电能力和更低的功耗。

2015 年 2 月,树莓派官方正式发布了第二代树莓派。树莓派 2B 搭载 900MHz 四核处理器 BCM2836(ARM Cortex-A7)、1GB LPDDR2 内存,性能相比树莓派 B+ 版本提高了 6 倍。2016 年 2 月,树莓派 3B 版本发布,搭载 1.2GHz 的 64 位四核处理器 BCM2837(ARM Cortex-A53),增加了 802.11 b/g/n 无线网卡和低功耗蓝牙 4.1 适配器,最大驱动电流增加至 2.5A。随后发布的树莓派 3B+ 采用了更新版本的处理器 BCM2837B0,进行了性能和散热器优化。CPU 时钟频率从 1.2GHz 提高至 1.4GHz,有线和无线网络吞吐量大约增加了

3倍,并且能够在更长的时间内保持高性能。

2019年6月发布的最新一代树莓派4B,首次提供PC级性能,同时保持了经典树莓派产品的对接能力和可编程性,起步价仍旧维持35美元。树莓派4B搭载博通四核64位处理器BCM2711(ARM Cortex-A72),性能相比树莓派3B+约提高3倍,GPU从VideoCore Ⅳ升级到VideoCore Ⅵ,提供1GB/2GB/4GB不同内存版本,支持USB 3.0接口、蓝牙5.0、双HDMI 4K显示、千兆以太网。不同树莓派型号的外形如图1-1所示,几个主要版本的参数对照如表1-1所示。鉴于目前实际应用与开发中仍以树莓派3B/3B+为主,本书将主要以它们为例进行介绍,而树莓派4B被用于本书后文部分算法的测试。

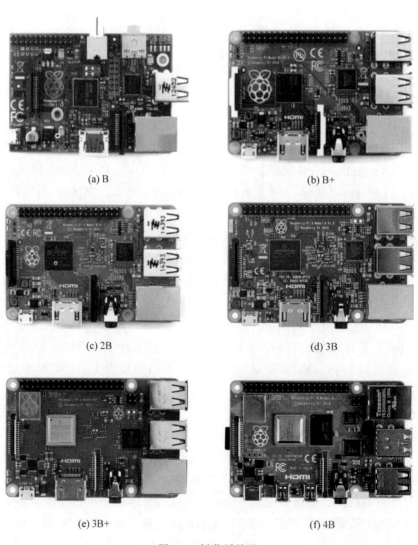

图1-1 树莓派外形

表 1-1 树莓派参数对比

型号	2B	3B	3B+	4B
SOC	BCM2836	BCM2837	BCM2837(B0)	BCM2711
CPU	ARM Cortex-A7 900MHz(四核)	ARM Cortex-A53 1.2GHz(四核)	ARM Cortex-A53 1.4GHz(四核)	ARM Cortex-A72 1.5GHz(四核)
GPU	Broadcom VideoCore Ⅳ、OpenGL ES 2.0、1080p30 h.264/MPEG-4 AVC 高清解码器			Broadcom VideoCore Ⅵ、OpenGL ES 3.X、4K p60 HEVC 视频硬解码器
内存	1GB(LPDDR2)		1GB(LPDDR3)	1GB/2GB/4GB/8GB (LPDDR4)
USB 接口	4×USB 2.0			2×USB 3.0 2×USB 2.0
视频接口	支持 PAL 和 NTSC 制式,支持 HDMI(1.3 和 1.4),分辨率为 640×350px 至 1920×1200px,支持 PAL 和 NTSC 制式			2×Micro HDMI 接口,支持双屏输出
音频接口	3.5mm 插孔,HDMI(高清多视频/音频接口)			3.5mm 插孔,Micro HDMI (高清多视频/音频接口)
数字接口	CSI(摄像头)和 DSI(显示屏)排线接口			
SD 接口	MicroSD			
网络接口	10MHz/100MHz 以太网接口	10MHz/100MHz 以太网接口,内置 WiFi(2.4GHz)、蓝牙 4.1/BLE	千兆以太网口,内置 WiFi(2.4GHz/5GHz)、蓝牙 4.2/BLE	千兆以太网口,内置 WiFi(2.4GHz/5GHz)、蓝牙 5.0/BLE
GPIO 接口	40PIN			
电源接口	MicroUSB 5V			USB-TypeC 5V
工作电流	350mA～1.8A	400mA～2.5A	500mA～2.5A	600mA～3A
尺寸	85mm×56mm×17mm			

1.2 树莓派硬件组成

树莓派 3B 配置了博通 1.2GHz 四核 64 位处理器 BCM2837、1GB LPDDR2 内存,集成了 400MHz VideoCore IV 图形处理器 GPU、IEEE 802.11b/g/n WiFi 和蓝牙 4.1BLE 等功能模块,并拥有 HDMI 高清多媒体接口、3.5mm 立体声音频和 RCA 视频复合输出端口、4 个 USB 2.0 和 1 个 100Mbps 以太网接口、5V/2A MicroUSB 供电,支持 Linux、Windows IoT 以及 Android 等操作系统。此外,树莓派 3B 保持了良好的扩展性,预留的接口包括 40 针的 GPIO 接口、CSI 摄像头接口以及 DSI 显示器接口。轻体量和高性能,加之视频、音频以及网络各种功能齐全,使得它能在智能硬件、环境感知、网站服务器与云存储以及机器学习甚至深度学习等人工智能领域中轻松应对、游刃有余,能更好地满足各种物联网应用场景的需求。树莓派 3B 的主要模块与接口如图 1-2 所示。

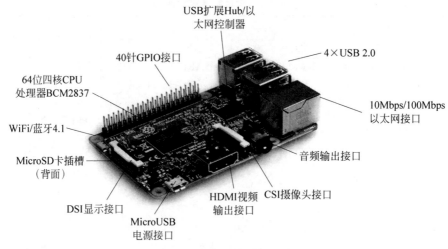

图 1-2　树莓派 3B 图解

如表 1-1 所示,树莓派 3B+是 3B 的升级版,在整体性能上有较大的提升,但在硬件接口上与树莓派 3B 一致,二者的使用方法与操作过程基本相同,本书后文中的代码在树莓派 3B/3B+上通用。关于树莓派 3B+的硬件组成此处不再赘述。

1.3　系统安装及备份

1.3.1　安装 Raspbian 系统

树莓派就是一种卡片式计算机,需要安装系统后才能使用。由于树莓派开发板以 MicroSD 卡作为内存硬盘,需要通过计算机将树莓派操作系统烧写在 SD 卡上。官方推荐的操作系统是 NOOBS 和 Raspbian,其中 Raspbian 是基于 Debian GNU/Linux 的 ARM 定制版本,面向 armhf 处理器架构做了大量优化。除此以外,树莓派还支持 Ubuntu MATE、CentOS、Windows IoT 以及 Kali 等第三方操作系统。

Raspbian 系统是目前应用最广泛的树莓派操作系统,镜像文件可以在树莓派官网(https://www.raspberrypi.org/software/operating-systems/)下载。如图 1-3 所示,该页面提供了 3 种版本的 Raspbian(现已更名为 Raspberry Pi OS)最新版本的镜像文件,其中 Raspberry Pi OS with Lite 是最基本的系统镜像,没有图形化界面;Raspberry Pi OS with desktop 是集成了图形化界面的系统镜像;Raspberry Pi OS with desktop and recommended software 是集成了图形化界面而且预安装了推荐软件的系统镜像。下载完成后可与官网提供的 SHA-256 码进行比对,检验镜像文件是否有损坏。

读者还可以在树莓派论坛(http://www.shumeipai.net/topic-rpios.html)下载适用于树莓派 3B/3B+的其他早期版本。本书中树莓派 3B 使用的是带图形界面的 Raspbian 系统(2018-04-18-raspbian-stretch)。系统烧写如图 1-4 所示,将格式化后的 MicroSD 卡通过读

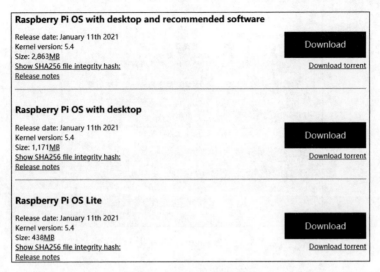

图 1-3 Raspbian 系统镜像

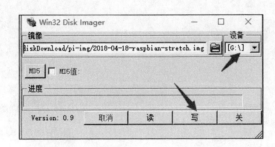

图 1-4 烧写 Raspbian 系统镜像

卡器插入计算机，使用 Win32 Disk Imager 软件将下载的.img 镜像文件写入（设备选择 MicroSD 卡对应的盘符），耐心等待直到出现对话框提示写入成功，即表示系统烧写完成。为了给后续系统更新和安装软件留有足够空间，推荐使用 16GB 或 32GB 的 SD 卡。

注意：当 SD 卡被写入系统后，在 Windows 下只能看到一个盘符（该盘容量很小）。这是因为在写入镜像时 SD 卡被重新分区了，包括通用的 FAT 分区和 Linux 专用 EXT 分区，后者在 Windows 下是无法正确识别的。

如果系统镜像需要重新烧写，必须先将 SD 卡通过专用软件 SDFormatter 进行格式化，还原出 Linux 专用 EXT 分区对应的空间容量。如图 1-5 所示，单击"选项设置"按钮，选择开启逻辑大小调整，格式化完成后再按上述步骤烧写系统。

树莓派通过 HDMI 接口连接显示器，通过 USB 接口连接鼠标、键盘，将烧写好系统的 MicroSD 卡插入树莓派背面的卡槽内，接通电源，可以观察到开发板上的红色指示灯常亮，绿色指示灯不规则闪烁，当系统界面如图 1-6 所示时，表示树莓派启动成功。

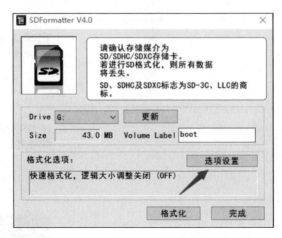

图 1-5　SDFormatter 格式化 SD 卡

图 1-6　树莓派 Raspbian 系统桌面

首次启动树莓派后,需要将树莓派的文件系统扩充到整个 MicroSD 卡,使树莓派可以使用 MicroSD 卡的全部空间,以免以后安装软件和升级系统时会提示磁盘空间不足。打开树莓派的终端界面(图 1-6 左上角最后一个图标),在命令行中输入 **sudo raspi-config**,选择 Advanced Options 选项,如图 1-7 所示,接着选择选项 A1 Expand Filesystem,如图 1-8 所示,回车确认后重启树莓派。

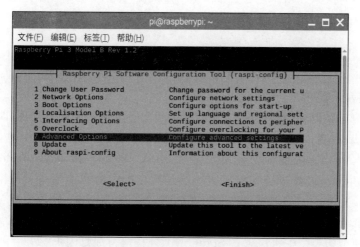

图 1-7　选择 Advanced Options 选项

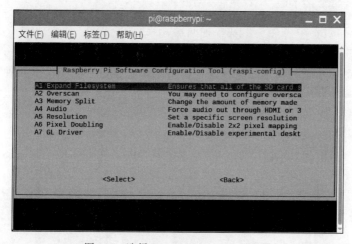

图 1-8　选择 Expand Filesystem 选项

如果读者使用的是 8GB 存储卡，烧写镜像后可以卸载一些不常用的系统自带应用软件（例如，wolfram-engine 和 libreoffice）来增大 MicroSD 卡的可用空间。在命令行输入以下命令：

```
sudo apt-get purge wolfram-engine
sudo apt-get purge libreoffice*
sudo apt-get clean
sudo apt-get autoremove
```

读者可以输入 **df -h** 命令查看 MicroSD 卡空间的使用情况，卸载之后可以节约 700MB 以上的空间。

1.3.2 重启/关闭树莓派

树莓派配置、系统升级等过程中经常需要重启,在终端输入命令 **sudo reboot** 或者 **sudo shutdown -r now** 都可以立刻重启树莓派。另外,树莓派也支持定时重启动,输入命令 **sudo shutdown -r h:m:s** 即可在规定的时间(时:分:秒)重启树莓派。

树莓派没有电源开关,直接拔掉电源线会缩短电子器件的寿命。另外,即便有时树莓派表面上看起来没有执行任务,实际上它也在经常读写 SD 卡。一旦突然断电,树莓派有可能无法正常启动,因此掌握正确的关机方法很有必要。在终端输入 **sudo shutdown -h now** 或 **sudo halt** 或 **sudo poweroff** 即可让处理器进入正确的关机流程,停止正在运行的进程,关闭其他任务。这个过程中树莓派板上的绿灯会闪烁,当其彻底熄灭时,再拔掉 MicroUSB 电源线。在如图 1-6 所示的图形界面下,关闭树莓派非常简单,单击菜单(树莓派图标)并选择 Shutdown,在弹出的界面中再次选择 Shutdown,同样等待绿灯闪烁熄灭后再拔掉电源线。

1.3.3 系统备份

树莓派在使用过程中可能会出现各种问题,导致系统损坏、数据丢失或无法启动,重新烧写镜像、安装软件以及进行系统配置会耗费大量的时间和精力。做好系统的备份非常重要,以便在发生意外情况时快速还原系统。树莓派系统备份主要有以下几种方式。

(1) 将 MicroSD 卡整体复制制作成镜像文件。如图 1-9 所示,在计算机上右击,通过快捷菜单命令新建一个 .img 文件(例如 raspberry.img),打开 Win32 Disk Imager 软件,选择 MicroSD 卡对应的盘符和新建的镜像文件,单击"读"按钮开始备份系统。该方法操作简单,但整张卡的备份时间久、占用空间大,只能还原到原卡或大于原卡容量的 SD 卡中。

图 1-9 复制制作镜像文件

(2) 利用 DiskGenius 硬盘分区工具进行备份。具体过程如下:

① 打开 DiskGenius 硬盘分区工具,依次单击"硬盘"→"新建虚拟硬盘文件"→"新建'.img'镜像文件"命令,如图 1-10 所示。

② 在创建镜像文件对话框中,根据 MicroSD 卡的使用情况,创建大小合适的 .img 镜像,如图 1-11 所示选择文件路径、镜像类型,选中"格式化"复选框,单击"确定"按钮。

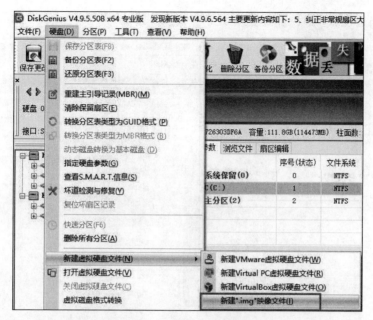

图 1-10　新建".img"镜像文件

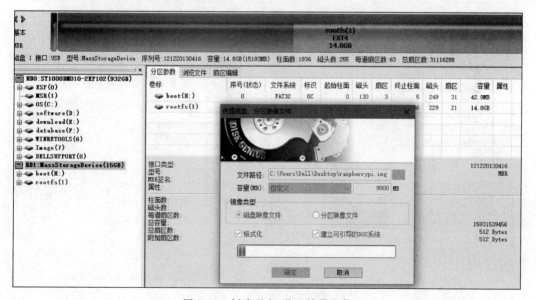

图 1-11　创建磁盘、分区镜像文件

③ 镜像创建成功后,左侧会显示.img 镜像文件,右击分区,选择"删除当前分区"命令;查看 MicroSD 卡的 boot 分区,右击 boot 分区,选择"更改分区参数"命令,记录下分区参数,如图 1-12 所示;在创建的.img 镜像中建立新分区,参照之前记录的 boot 分区参数进行填写,如图 1-13 所示;再建立 root 分区,root 分区无须配置,直接使用默认参数即可,如图 1-14

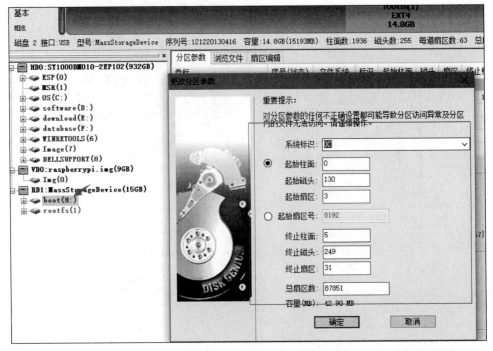

图 1-12　更改分区参数

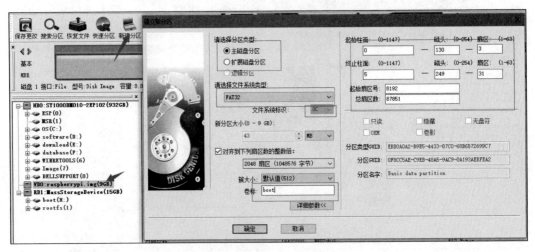

图 1-13　建立 boot 分区

所示。最后单击"确定"按钮保存更改,格式化两个分区。

④ 右击 MicroSD 卡的 boot 分区,选择"克隆分区"命令,目标选择 .img 映像中刚刚建立的 boot 分区,选中"按文件复制"单选按钮,单击"开始"按钮,等待进度条完成;再克隆 root 分区,进行类似操作,克隆分区如图 1-15 和图 1-16 所示。

第1章 树莓派快速入门

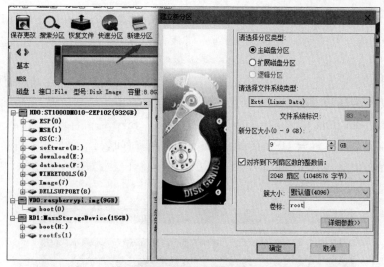

图 1-14 建立 root 分区

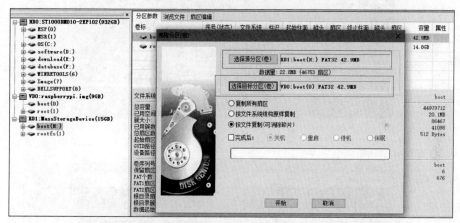

图 1-15 克隆 boot 分区

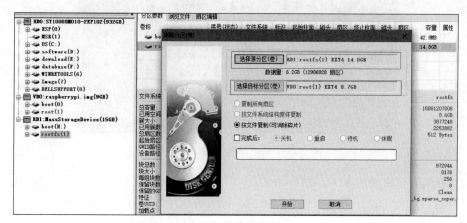

图 1-16 克隆 root 分区

该方法虽然操作步骤比较麻烦，但备份生成的.img 镜像文件相对较小（MicroSD 卡已占用的空间大小）。采用 Win32 Disk Imager 将该方法备份生成的镜像文件烧写到新的 SD 卡后，需要按图 1-7 与图 1-8 所示的步骤扩展树莓派的文件系统。

（3）在树莓派上将现有系统复制到新存储卡。如图 1-17 所示，在终端界面中输入 **df -h** 查看树莓派文件系统的磁盘空间占用情况和 USB 存储设备的挂载位置，然后输入命令 **sudo dd bs＝4M if＝/dev/mmcblk0 of＝/dev/sda**，其中 mmcblk0 是树莓派上的 MicroSD 卡，sda 是通过读卡器插入到树莓派 USB 接口的新卡。该过程时间较长，需要耐心等待系统写入完成。在终端界面中输入 **sudo fdisk -l**，可以看到系统复制成功，如图 1-18 所示。该方法是对整张卡进行复制，要求新 SD 卡的容量不小于旧卡的容量。

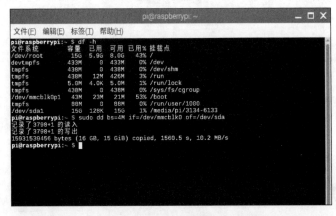

图 1-17　复制 MicroSD 卡

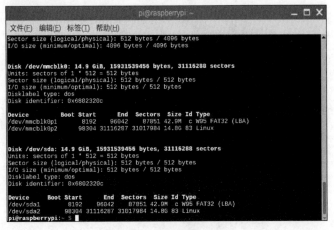

图 1-18　系统复制成功

（4）利用系统自带的 SD Card Copier 工具进行备份。如图 1-19 所示，依次单击菜单→"附件"→SD Card Copier 命令，按图 1-20 在下拉列表框中选择相应选项，单击 Start 按钮开始备份，等待复制完成。

图 1-19　SD Card Copier 工具

图 1-20　SD Card Copier 备份系统

注意：方法（3）、（4）只能备份系统，并没有生成系统映像。比较而言，方法（4）无须输入命令，速度更快一些，由于只是复制 SD 卡中系统实际占用的空间，因此不受方法（3）中对 SD 卡容量大小要求的限制。

1.4　树莓派配置

除了输入 **sudo raspi-config** 命令进入系统配置界面，通过光标选择需要更改的选项进行设置以外，还可以通过菜单→"首选项"→Raspberry Pi Configuration 命令对树莓派进行配置，如图 1-21 所示。配置窗口包括 4 个选项卡，如图 1-22 所示，各选项卡的具体功能如下。

图 1-21　Raspberry Pi 配置

（1）System 选项卡可以更改密码、用户名、启动方式、是否自动登录账户等基本系统设置。

　　Password——设置 Raspberry Pi 用户的密码（建议更改出厂默认密码 raspberry）；
　　Hostname——树莓派主机名（默认为 raspberrypi）；
　　Boot——选择 Raspberry Pi 启动时显示桌面或 CLI（命令行界面）；
　　Auto login——启用此选项将使 Raspberry Pi 在启动时自动登录；
　　Network at Boot ——选择此选项将使 Raspberry Pi 等待网络连接可用后再启动；
　　Splash Screen——选择在 Raspberry Pi 引导时是否显示启动画面；
　　Resolution——调节树莓派显示分辨率；
　　Overscan——设置是否让屏幕内容全屏显示。

（2）Interfaces 选项卡配置与外围设备的连接。

　　Camera——启用 Raspberry Pi 摄像头模块；
　　SSH——允许使用 SSH 从计算机远程访问 Raspberry Pi；
　　VNC——允许使用 VNC 从计算机远程访问 Raspberry Pi 桌面；
　　SPI——启用 GPIO 中的 SPI 接口；

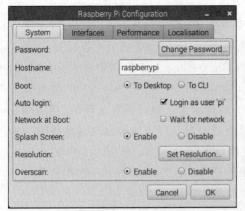

(a) System选项卡　　　　　　　　　　(b) Interfaces选项卡

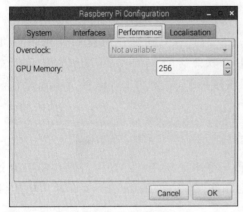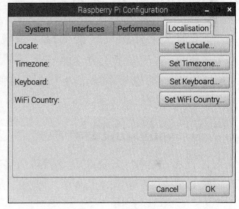

(c) Performance选项卡　　　　　　　　(d) Localisation选项卡

图1-22　选项卡功能与设置

I2C——启用GPIO中的I^2C接口；
Serial——启用GPIO中的串口功能；
1-Wire——启用GPIO中的1-Wire接口；
Remote GPIO——允许从计算机访问Raspberry Pi的GPIO引脚。
(3) Performance选项卡可以配置超频和GPU Memory。
Overclock——更改CPU速度和电压以提高性能；
GPU Memory——更改分配给GPU的内存(接入摄像头时应至少分配128MB)。
(4) Localisation选项卡进行本地化设置,可以选择区域(语言)、时区、键盘等。
Locale——设置Raspberry Pi使用的语言、国家/地区；
Timezone——设置时区；
Keyboard——更改键盘布局；
WiFi Country——设置WiFi国家代码。

前面 3 个选项卡比较直观，读者可根据需要自行设置，这里只对 Localisation 选项卡设置做简单介绍。首次进行配置时，读者看到的是英文界面，将系统设置为中文界面并支持汉字显示的步骤如下：单击 Set Locale 按钮，在 Language 下拉列表框中选择"ZH(Chinese)"，在 Country 下拉列表框中选择"CN(China)"，在 Character Set 下拉列表框中选择"UTF-8"，然后单击 OK 按钮。此外，单击 Set Timezone 按钮选择时区，在 Area 下拉列表框中选择 Asia，在 Location 下拉列表框中选择 Shanghai；树莓派系统默认是英文环境，使用的是英国键盘布局(UK)，而我国大多使用的是美国标准键盘布局(US)，如果出现键盘按键与输入不符的情况，则需要单击 Set Keyboard 按钮修改键盘模式和布局；单击 Set WiFi Country 按钮选择 WiFi 国家代码，在 Country 下拉列表框中选择 CN China，所有选项配置完后在终端界面输入 **sudo reboot** 重启树莓派。

1.5 Raspbian 系统管理

Linux 是世界上使用最广泛的操作系统之一，而 Debian 是认可度和使用率很高的 Linux 发行版本之一，提供了近十万种不同的开源软件支持。Raspbian 是针对树莓派专门优化、基于 Debian 的操作系统。为了更好地使用树莓派，需要对 Linux 的基本知识有一定的了解。

1.5.1 Linux 常用命令

树莓派使用过程中，需要在命令行输入各种指令来实现相应的操作，例如，在切换文件系统时需要经常使用 ls 和 cd 命令。表 1-2 列出了常用的 Linux 命令，并对其功能做了说明。

表 1-2 常用的 Linux 命令

命 令	功 能
ls	列出当前目录下的文件与文件夹,-a 显示所有文件,-l 显示详细信息
cd	切换目录,cd..返回上级目录
man	显示命令的帮助信息
pwd	输出当前目录
mkdir	创建一个新的目录
rm	移除文件或目录,删除操作无法撤销,慎用
mv	将文件从一个目录移动到的另一个目录,还可以重命名文件
cp	与 mv 命令类似,但只是复制而不重命名文件
cat	在终端显示文件的内容,浏览文件最快速的方法
chmod	改变文件或目录的访问权限
./文件名	运行可执行文件,仅当文件有可执行权限时才会起作用
exit	退出终端

1.5.2　Linux 权限设置

Linux 系统中的每个文件和目录都有 3 个和它相关的权限组，即所有者(u)、所属组(g)和其他用户(o)，访问许可权限又分为可读(r)、可写(w)和可执行(x)3 种。如图 1-23 所示，输入 **ls -l** 命令查看当前目录下文件的详细信息，可以看到每一条列表信息包括文件类型、访问权限、硬链接数目或子目录个数、所属用户、所属用户组、文件大小、最后修改时间、文件名。常见的文件类型有以下几种：-(连接号)表示普通的文件，d 表示目录文件，l 表示链接文件，b 表示块设备文件，c 表示字符设备文件。

图 1-23　文件和目录的访问许可权限

以 images 为例，第一个字符代表文件类型，d 表示 images 是目录；紧接着是访问限权，每 3 个字符分为一组，第一组 rwx 表示所有者拥有读、写和执行的权限，第二组 r-x 表示与所有者同组的用户拥有读和执行的权限，但没有写权限，第三组 r-x 表示其他用户也只有读和执行的权限；接下来的数字 2 表示 images 下有两个子目录；随后的两个 pi 分别表示文件所有者和所属用户组；再后面是文件的大小(字节)，文件类型 d 默认值是 4096；剩下的两项分别是最后修改的时间和文件名称。

chmod 命令用于改变文件或目录的访问权限。＋表示增加权限，例如，输入 **chmod g＋w images** 表示增加所属组对 images 的写权限。如果想为所有用户增加写权限，则可以输入 **chmod a＋w images**，其中 a(all)表示对所有用户的权限进行操作；同样地，－表示取消权限，输入 **chmod o-rx images** 表示取消其他用户对 images 的读和执行的权限。除了上面这种直接表示的方式以外，还可以采用数值来设定权限。每一种权限都有一个值，读权限值为 4，写权限值为 2，可执行权限值为 1。也就是说，数字 7 表示拥有全部权限，0 表示无任何权限。如果一个文件拥有-rwxr-xr-x 的权限，其对应的数字为 755，输入 **chmod 755 images** 命令就等同于为 images 文件设置了-rwxr-xr-x 的权限。

注意：Linux 中文件颜色也代表属性，如白色表示普通的文件，蓝色表示目录，绿色表示可执行的文件，红色表示压缩文件，青色表示链接文件，黄色表示设备文件，灰色表示其他的文件。

在 Linux 系统中有一个特定的 root 用户，该用户可以监管系统内所有的文件。由于 root 用户拥有强大的权限，操作会存在一定的风险，一般情况下，不会以 root 身份登录。有一种允许普通用户使用 root 身份执行命令的快捷方式：sudo(super user do)。例如，**sudo reboot** 命令的作用就是告诉树莓派系统作为 root 用户执行重启命令。本书中，读者经常会见到系统更新、安装软件、树莓派重启等使用 sudo 的命令。当读者使用 sudo 时，在按下 Enter 键之前一定要明确即将操作的命令的结果。

1.5.3 Raspbian 文件系统

Raspbian 文件系统只包含一个用/表示的根目录。根目录下还有很多子目录，如 bin/、home/、var/、dev/等，如图 1-24 所示。/home/pi 是树莓派默认的主目录，在该目录下，用户可以随意创建、执行或删除文件。如果想要对其他系统文件进行编辑或者删除操作，则用户需要以 root 身份登录，或者在执行命令前面加 sudo。Raspbian 文件系统中的所有目录及其说明如下。

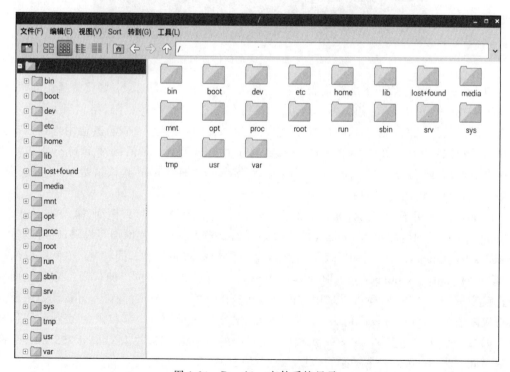

图 1-24　Raspbian 文件系统目录

(1) /bin 目录包含一些二进制文件,即可以运行的应用程序。

(2) /boot 目录包含启动系统所需的文件,不要随便改动,否则树莓派可能无法启动。

(3) /dev 目录包含在启动或运行时生成的设备文件。例如,将网络摄像头连接到树莓派,则会出现一个新的设备条目。

(4) /etc 目录包含大部分的系统配置文件。

(5) /home 是默认的主目录,包括用户个人目录,用户可以随意创建、执行或删除文件。

(6) /lib 是库文件所在的目录,库是指包含应用程序可以使用的代码文件。

(7) /lost+found 目录在系统发生错误或突然关机时出现,包含正被一些进程使用的未链接文件。

(8) /media 目录是给 U 盘、SD 卡等外部存储器提供的常规挂载点。

(9) /mnt 目录用于临时挂载存储设备或分区,现在不常用。

(10) /opt 目录通常是用户编译软件(即从源代码构建、非系统部分的软件)的地方,应用程序会出现在/opt/bin 目录中,库会在/opt/lib 目录中出现。

(11) /proc 是一个虚拟目录,包含 CPU 和系统正在运行的内核的信息,其中的文件和目录是在系统启动或运行时生成的。

(12) /root 是系统超级用户(管理员)的主目录,它与其他用户的主目录是分开的。

(13) /run 是系统进程用来存储临时数据的地方。

(14) /sbin 与/bin 类似,但它包含的应用程序只有超级用户才需要。

(15) /srv 目录包含服务器的数据。

(16) /sys 是另一个与/proc 和/dev 类似的虚拟目录,它包含底层硬件的信息和连接到树莓派的设备的信息。

(17) /tmp 目录用来保存临时文件,每次系统重启后,该目录下的临时文件会被清空。

(18) /usr 是用户数据目录,包含了属于用户的应用程序、库、文档以及许多其他需要应用程序和服务共享的内容,该目录下又包括了 bin、lib、local 等目录,保存着二进制文件、运行库、本地系统数据。

(19) /var 目录通常保存着记录系统中发生事件的日志文件、打印机后台文件、定时任务、运行进程等。

1.5.4 文本编辑器

Linux 的文本编辑器有很多选择,包括 nano、vim、emacs 和 gedit 等。nano 是预装在树莓派系统内的文本编辑器,相对来说操作最容易,适合新手入门。下面简要介绍如何使用 nano 编辑器。

在 nano 中编辑文本,只需在终端输入 **sudo nano + 文件路径**即可。如果文件存在,则 nano 会打开该文件;如果不存在,则会创建一个新的文件。不同于 Windows 系统,Linux 系统不会自动使用文件扩展名,需要由用户来指定。如图 1-25 所示,输入 **sudo nano /etc/dhcpcd.conf** 就可以使用 nano 打开并编辑网络配置文件。可以看到,常用的操作指令都罗列在屏幕下方,其中"^"表示 Ctrl 键。若需要保存文件,则按下 Ctrl+O 组合键;退出文件按 Ctrl+X 组合键。

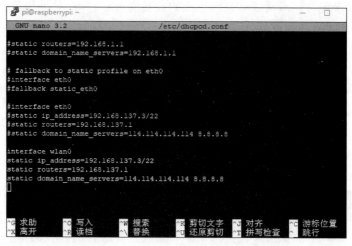

图 1-25　nano 编辑器文件界面

1.5.5　包管理器

Linux 使用包管理器来对软件进行跟踪,可以在终端内完成下载、安装、升级、配置以及删除程序等绝大多数工作。适用于树莓派 Raspbian 系统的包管理工具主要包括 dpkg、apt 和 aptitude。dpkg 主要是对本地的软件包进行管理,不解决依赖问题;apt 包含很多工具,例如,apt-get 负责软件包的在线安装与升级,apt-cache 用来查询软件包的状态和依赖关系;aptitude 与 apt 一样,但在处理依赖问题上更优。

表 1-3 列出了 apt 包管理工具的常用命令,下面结合 apt-get 命令来介绍树莓派安装、卸载与升级软件的方法。

表 1-3　apt 常用命令汇总

命　　令	功　　能
sudo apt-get update	更新软件列表信息(只是更新列表,并未更新软件)
sudo apt-get upgrade	升级已安装的软件为最新可用版本
sudo apt-get dist-upgrade	和 upgrade 类似,会安装和移除包来满足依赖关系
sudo apt-get autoclean	清理 /var/cache/apt/archives/ 中旧版本的软件缓存
sudo apt-get clean	清理所有软件缓存
sudo apt-get autoremove	删除系统不再使用的孤立软件
sudo apt-get check	检查是否有损坏的依赖
sudo apt-get install *package name*	安装程序包
sudo apt-get -f install *package name*	修复安装
sudo apt-get remove *package name*	删除软件
sudo apt-get purge *package name*	同时清除软件包和软件的配置文件

续表

命令	功能
sudo apt-cache search *package name*	搜索程序包
sudo apt-cache show *package name*	获取包的相关信息，如说明、大小、版本等
sudo apt-cache depends *package name*	了解使用该包依赖哪些包
sudo apt-cache rdepends *package name*	查看该包被哪些包依赖

（1）安装软件。一旦知道要安装的软件包的名称，就可以使用 **sudo apt-get install** *package name* 命令安装它。安装软件需要 root 用户权限，这会影响所有的树莓派用户，需要在命令前加 sudo。

注意：sudo aptitude install 会对依赖关系进行智能处理，可以解决 apt-get install 安装软件过程中出现"无法修正错误，因为您要求某些软件包保持现状，就是它们破坏了软件包间的依赖关系"的问题。

（2）卸载软件。如果想要卸载某个软件，可以使用 **sudo apt-get remove** *package name* 或者 **sudo apt-get purge** *package name* 命令。二者的区别是，remove 会删除软件包，但会保留配置文件，而 purge 会将软件包以及配置文件都删除。

（3）升级软件。除了安装和卸载，还可以使用 apt-get 更新软件。在升级软件包之前，在终端输入 **sudo apt-get update**，列出最新的软件信息；在升级软件时，既可以一次性升级系统中所有内容，也可以升级单个软件。升级系统中所有内容的格式为 **sudo apt-get upgrade** 或者 **sudo apt-get dist-upgrade**，二者的区别是前者只是简单地更新包，不解决依赖问题，不添加包或是删除包，而后者可以根据依赖关系的变化添加包或删除包；升级单个软件包则简单地使用再次安装该软件，即 **sudo apt-get install** *package name*。

注意：apt-get update 仅仅是简单地收集信息，列出 /etc/apt/sources.list 和 /etc/apt/sources.list.d 中源的索引，只有在 apt-get update 之后使用 apt-get upgrade 或 apt-get dist-upgrade 才是真正的升级。

1.5.6 切换国内更新源

树莓派官方软件源访问速度很慢，建议替换为国内清华大学或者中国科技大学的软件镜像站。更改 apt 软件源的命令是 **sudo nano /etc/apt/sources.list**，如图 1-26 所示，在行首用 # 号注释掉原来的内容，添加清华大学镜像站的软件源：

```
deb http://mirrors.tuna.tsinghua.edu.cn/raspbian/raspbian/ buster main contrib non-free rpi
deb-src http://mirrors.tuna.tsinghua.edu.cn/raspbian/raspbian/ buster main contrib non-free rpi
```

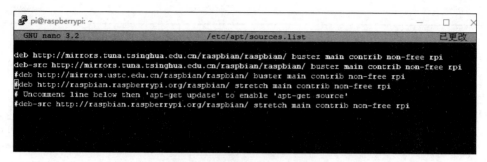

图 1-26　更换成国内软件源

需要说明的是，当前最新版树莓派系统是 Raspbian Buster，因此软件源链接中的系统版本是 Buster。如果之前安装的 Raspbian Stretch 系统，也可以将上述源中的 buster 更换成 stretch，其他不变。

以上步骤将软件更新源切换到清华大学镜像站，以后在命令行中执行 **sudo apt-get install** *package name* 命令时便会自动从清华大学软件镜像站高速下载。

接下来更换系统更新源，输入 **sudo nano /etc/apt/sources.list.d/raspi.list** 编辑系统源文件，注释掉原来的内容，新增中国科技大学镜像站 Buster 版本的系统源：

deb http://mirrors.ustc.edu.cn/archive.raspberrypi.org/debian/ buster main ui

最后，执行命令 **sudo apt-get update** 更新软件包索引，再执行命令 **sudo apt-get upgrade** 更新升级软件包。按上述步骤完成升级后，在终端输入 **lsb_release -a** 可以查询系统版本，其中发行版代号 codename 为 buster。

1.6　树莓派网络连接

1.6.1　有线网络

树莓派可以通过网线与路由器相连来访问互联网。由于树莓派默认采用 DHCP 自动获取网络 IP 地址，所以每次重启后其 IP 可能会发生改变。为了远程登录树莓派时不用事先查询其 IP 地址，可以为树莓派设置固定 IP 地址，这会给树莓派的应用开发过程带来便利。在终端界面输入 **sudo nano /etc/dhcpcd.conf**，打开配置文件，在文件末尾添加以下内容：

```
interface eth0
static ip_address = 192.168.1.111/24
static routers = 192.168.1.1
static domain_name_servers = 114.114.114.114 8.8.8.8
```

然后按 Ctrl+O 组合键保存文件,回车确认,再按 Ctrl+X 组合键退出。重启树莓派,就可以使用静态 IP 上网了。本例中 eth0 表示以太网接口,ip_address 是分配给树莓派的固定 IP 地址("/"后面为端口号),routers 是树莓派连接的路由器或网关的 IP 地址,domain_name_servers 是自定义的 DNS。本例中假定路由器的 IP 为 192.168.1.x 网段,具体设置应根据自己的实际情况进行更改。

1.6.2 无线网络

有线网络连接有良好的稳定性,但是缺乏可移动性,树莓派使用无线网络连接无疑是更好的选择。Windows 10 支持计算机在连接 WiFi 的情况下开启移动热点,直接在任务栏点击 WiFi 图标,右击选择"移动热点"命令进入热点设置界面,就可以修改网络名称和网络密码。本书后续案例都是通过将树莓派连接到笔记本电脑的移动热点来访问互联网,从而实现系统更新和软件下载,下面就以这种无线连接方式为例进行介绍。首先,开启计算机并设置好移动热点,接着打开控制面板,依次选择"网络和 Internet"→"网络和共享中心"→"更改适配器设置",然后右击 WLAN 选择"属性"→"共享"选项卡,如图 1-27 所示,选中"允许其他网络用户通过此计算机的 Internet 连接来连接"复选框,共享的目标选择本地连接(这里的本地连接对应已经开启的移动热点),就将计算机 WLAN 的互联网连接共享给了通过虚拟无线网卡与计算机连接的树莓派。

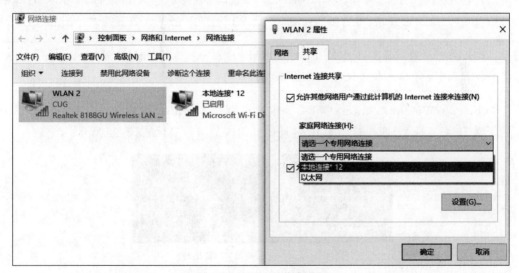

图 1-27 WLAN 共享设置

通过以上操作,计算机和树莓派间便建立了一个局域网,计算机相当于路由器。在计算机端运行 Windows PowerShell,输入 **ipconfig /all** 命令,查询到虚拟无线网卡的 IP 地址为 192.168.137.1,如图 1-28 所示。

在树莓派终端界面输入 **sudo nano /etc/wpa_supplicant/wpa_supplicant.conf**,打开配置文件,输入以下代码:

图 1-28　虚拟无线网卡 IP 地址

```
ctrl_interface = DIR = /var/run/wpa_supplicant GROUP = netdev
update_config = 1
country = CN
network = {
ssid = "WiFi 名称"
psk = "WiFi 密码"
key_mgmt = WPA - PSK
priority = 9
}
```

然后保存并退出文件。配置文件的前 3 行为固定写法,不需要改动。network 字段的内容应与之前移动热点设置的网络名称和网络密码一致,其中 ssid 是 WiFi 名称,psk 是 WiFi 密码,key_mgmt 是加密方式(可省略),priority 是 WiFi 连接优先级,数字越大,优先级越高。

注意:配置文件中可以设置多个 WiFi,每个 WiFi 对应一个 network 配置,各自的 ssid、psk 和 priority 等信息按上述格式放置在大括号内,赋予不同的优先级。

接下来,在 Windows PowerShell 命令提示行中输入 **arp -a**,发现 192.168.137.1 下分配的子网 IP 只有一个,即树莓派的 IP 地址(192.168.137.43),如图 1-29 所示。

图 1-29　arp 查看树莓派 IP 地址

类似地,可以为树莓派无线连接设置固定 IP 地址。在终端界面输入 **sudo nano /etc/dhcpcd.conf**,打开配置文件,输入以下代码并保存退出。

```
interface wlan0
static ip_address = 192.168.137.3/22
static routers = 192.168.137.1
static domain_name_servers = 114.114.114.114 8.8.8.8
```

其中，wlan0 代表无线网卡，ip_address 是树莓派的固定 IP 地址及端口，routers 是为树莓派提供无线网络连接的路由器的 IP 地址（本例中是提供 WiFi 热点的虚拟网卡的地址），domain_name_servers 是自定义的 DNS。终端界面输入命令 **sudo ifconfig wlan0 down** 和 **sudo ifconfig wlan0 up**，关闭并重启网络接口，使设置生效或者直接使用 **sudo reboot** 命令重启树莓派。再次输入 **ifconfig** 命令，发现树莓派的地址被设定为 192.168.137.3，如图 1-30 所示。

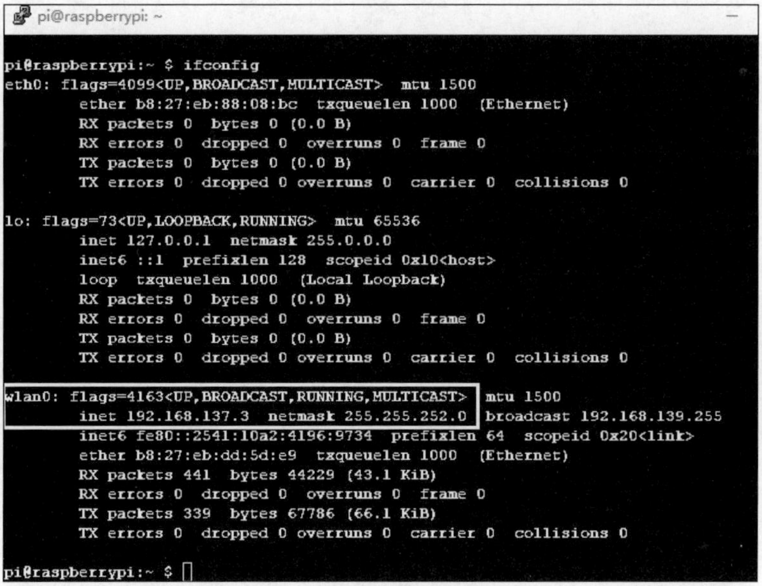

图 1-30　树莓派的固定 IP 地址

1.7　远程连接树莓派

通过前面的配置，树莓派已经可以通过 WiFi 热点访问互联网了。在大多数情况下，树莓派使用者都不希望连接鼠标、键盘、显示器等外设，以实现树莓派系统体积小和机动便携的特点。为了实现树莓派的通信与编程，并能够在出现问题时了解发生的状况，可以通过远程登录的方式来控制和管理树莓派。

1.7.1　使用 SSH 连接树莓派

SSH（Secure Shell）终端是一款比较常用的远程连接 Linux 系统的工具，可以通过该终端远程访问树莓派并输入命令，命令执行的结果也会出现在终端窗口中。新版 Raspbian 系统是默认关闭 SSH 服务的，需要手动开启该功能，如图 1-22(b)所示，选择 SSH 的 Enabled 项，然后单击 OK 按钮确认，重启树莓派即可启动 SSH 服务。

在 Windows 系统中可以借助 PuTTY 软件实现 SSH 连接。PuTTY 可以从 https://

www.putty.org 网页免费下载,使用方便,可以保存配置,无须每次重新进行设置。下载安装后,打开 PuTTY,如图 1-31 所示,在 Host Name(or IP address)处输入树莓派 IP 地址,使用默认端口 22,Connection type 选择 SSH,可以将该配置保存为 pi,以便后面使用时直接导入。单击 Open 按钮,PuTTY 会创建一个到树莓派的终端,第一次连接时会有确认链接密钥的提示,选择"是"即可进入有登录提示的终端界面。输入默认用户名 pi、密码 raspberry(输入密码时看不到任何字符),回车确认后出现如图 1-32 所示的界面则表示 SSH 成功连接树莓派。如果读者使用的是 Linux 系统,那么 SSH 连接树莓派的过程非常简单,只需在终端窗口中输入命令 ssh pi@192.168.137.3(@后面是树莓派的 IP 地址),即可创建一个与上面情况类似的登录界面。

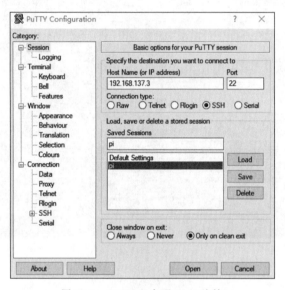

图 1-31 PuTTY 实现 SSH 连接

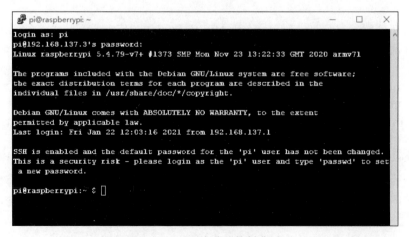

图 1-32 SSH 成功连接树莓派

注意：读者也可以使用手机来远程登录树莓派，下载名为 ConnetBot 的 APP，安装后运行，设置参数并添加账户，输入登录密码 raspberry 按 Enter 键即可登录成功。

1.7.2 远程桌面连接树莓派

SSH 连接只能使用终端命令对树莓派进行操作，无法使用图形化界面。利用 Windows 附件自带的远程桌面连接工具可以登录树莓派的图形界面。Raspbian 系统不支持 Windows 远程登录功能，需要安装 xrdp，具体操作是通过 SSH 登录到树莓派，在终端命令行输入 **sudo apt-get install xrdp**，然后在计算机上使用 Win＋R 组合键快速打开运行窗口，输入 **mstsc** 命令启动远程桌面连接，如图 1-33 所示输入树莓派的 IP 地址后单击"连接"按钮，进入如图 1-34 所示的登录界面，输入默认的用户名/密码（pi/raspberry），单击 OK 按钮即可登录到树莓派图形界面。

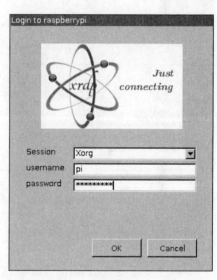

图 1-33　远程桌面连接　　　　图 1-34　远程桌面登录界面

注意：如果出现报错信息 error-problem connecting，那么可以先执行卸载命令 sudo apt-get purge tightvnc xrdp，再重新安装 sudo apt-get install tightvncserver xrdp，最后重启 xrdp 服务 sudo /etc/init.d/xrdp restart。

除了上述两种常用的方式以外，还可以使用 VNC 远程连接树莓派。与 xrdp 相比，VNC 适用于多种操作系统，更加强大便捷。读者可根据计算机操作系统从 https://www.realvnc.com/en/connect/download/viewer/选择下载对应版本的 VNC Viewer 软件。

1.8 远程传输文件

在实际应用中，经常需要在 Windows 系统和树莓派之间交换文件，例如，将图片、源程序以及安装包等从计算机传到树莓派，或是从树莓派中读取运行结果或数据到本地计算机。对于树莓派来说，最高效便捷的方法就是通过网络远程传输。

1.8.1 FileZilla 传输文件

FileZilla 是一个免费开源、方便高效的 FTP 软件，无须设置，默认支持 UTF-8 编码，以中文命名的文件上传树莓派不会出现乱码。从官网 http://filezilla-project.org/download.php?type=client 下载安装后双击打开，界面如图 1-35 所示，在"主机"栏输入树莓派的 IP 地址，用户名/密码默认是 pi/raspberry，端口 22，单击"快速连接"按钮。提示连接成功后，选择路径和文件夹，在左右窗口内双击文件或拖曳文件夹即可在树莓派与计算机之间自由传输文件。

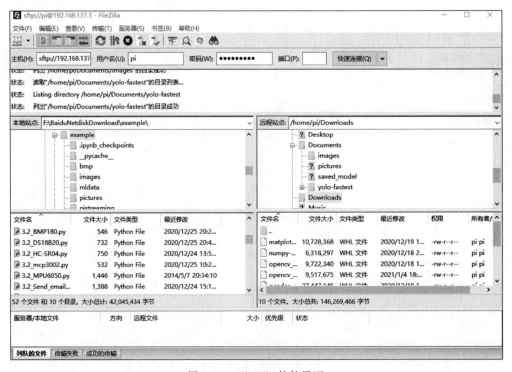

图 1-35　FileZilla 软件界面

此外，读者也可以使用 FlashFXP、WinSCP 等其他客户端软件，完成计算机与树莓派之间的文件传输。实现过程与 FileZilla 传输文件类似，此处不再赘述。

1.8.2 Samba 实现文件共享

Samba 源于服务器消息区块协议，该协议是微软提出的通用网络文件系统的一部分，目的是在不影响双方的情况下，同其他操作系统进行交互。通过 Samba 服务可以在 Windows 系统与树莓派之间轻松实现文件共享与传输。首先，在树莓派上安装 Samba 软件，终端界面输入命令 **sudo apt-get install samba samba-common-bin -y** 完成安装，随后输入 **sudo nano /etc/samba/smb.conf** 打开并修改配置文件，在"[homes]"字段中把"read only = yes"改为"read only = no"，使得每个用户可以读写自己的 home 目录。输入 **sudo /etc/init.d/sambd restart** 重启 Samba 服务，接着输入 **sudo smbpasswd -a pi** 命令添加默认用户 pi 到 Samba，按提示输入密码 raspberry，如图 1-36 所示。

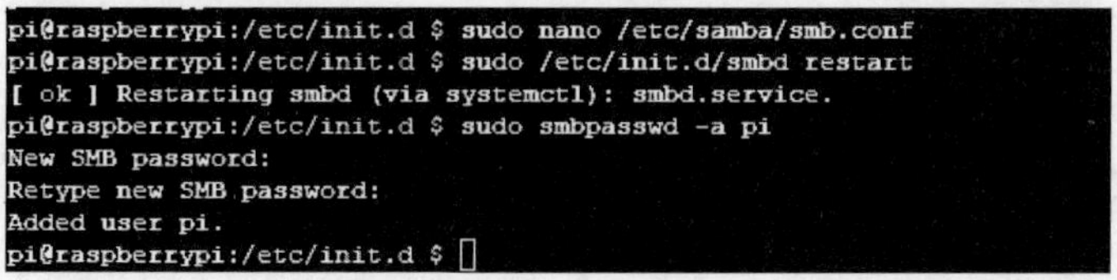

图 1-36 添加用户到 Samba

在计算机端使用文件浏览器输入\\192.168.137.3\pi（\\后为树莓派 IP 地址），就可以访问树莓派的 home 目录，至此，Windows 与树莓派之间就可以相互传输文件了，如图 1-37 所示。

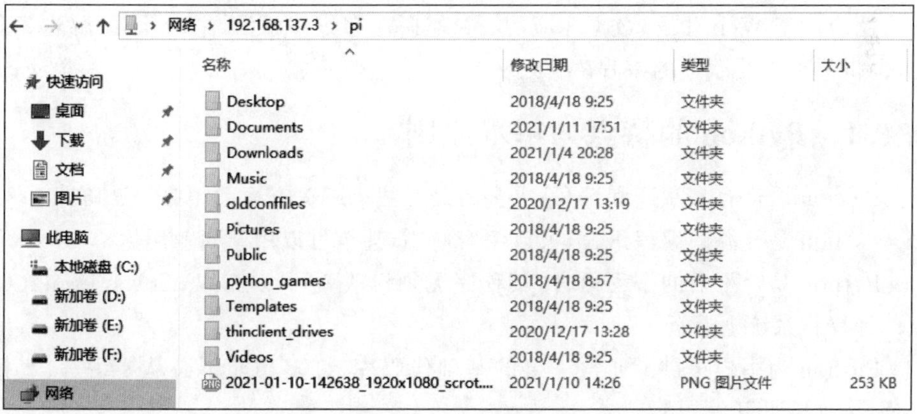

图 1-37 Windows 访问树莓派的共享目录

第 2 章 Python 基础知识

Python 基础知识

本章介绍树莓派系统的 Python 开发环境以及 Python 编程的基本语法，为后面的硬件接口编程与算法程序设计打下基础。

2.1 Python 简介

Python 是一种功能强大、易于学习的脚本语言，由 Guido van Rossum 于 1989 年年底提出，第一个公开发行版发行于 1991 年。Python 是纯粹的自由软件，源代码和解释器遵循 GPL(GNU General Public License)协议。Python 既支持面向过程编程，也支持面向对象编程，具有丰富和强大的类库，涵盖了从字符模式到网络编程等一系列应用级编程任务。除了内置库外，Python 还有大量的几乎支持所有领域应用开发的第三方扩展库。Python 目前已被广泛应用于 Web 开发、数据库应用、科学计算、多媒体开发、桌面软件、游戏等众多领域，已成为世界上最受欢迎的编程语言之一。

2.1.1 Python 的特点与基本原则

(1) Python 语言容易阅读和编写，更多的是专注于解决方案而不是语法本身。

(2) Python 是开源的编程语言，可以免费使用，甚至可以用于商业用途。

(3) Python 是跨平台的编程语言，其程序无须修改就可以在 Windows、Linux、UNIX、Macos 的等操作系统上运行。

(4) Python 为用户提供了非常完善的基础代码库，许多功能不必从零编写，直接使用现成的库，大大降低开发周期。

(5) Python 语法简洁而清晰，特色之一是依靠代码块的缩进来体现代码之间的逻辑关系，一般以 4 个空格或制表符(按 Tab 键)为基本缩进单位，缩进量相同的是同一组语句。

(6) Python 程序中一行就是一条语句，语句结束不需要使用分号，当一行代码较长时，可以分多行书写，用反斜杠(\)表示续行。

(7) 在 Python 中井号(♯)常被用作单行注释符号，在代码中使用♯时，它右边的任何数据都会被忽略；多行注释用 3 个单引号 ''' 或者 3 个双引号 """ 将注释部分括起来。

2.1.2　树莓派 Python 编程环境

创造树莓派的初衷是为了推出价格便宜但功能强大的计算机，同时也是为了简化编程。为此，Python 语言被集成到树莓派的操作系统中。树莓派操作系统中预装了 Python 2 和 Python 3 两种版本，本书的 Raspbian 系统中 Python 2 版本是 2.7.16，也自带了 Python 3.5.3 的集成开发环境。对于 Python 2 官方已经停止维护，目前主流都是使用 Python 3，本书案例都是基于 Python 3 编写的。下面主要介绍树莓派上运行 Python 3 的 3 种不用方法。

（1）使用内置的 Python3 IDLE。如图 2-1 所示，依次单击菜单→"编程"→Python3 IDLE，就可以打开 Python Shell 窗口。这是一个基于文本的命令行窗口，可以在提示符（>>>）后输入命令或者代码行，如图 2-2 所示，输入 print("Hello World! 你好，世界")，回车后看到屏幕输出打印结果。通常情况下，不适宜用 Shell 提供的命令行来写代码，可以单击工具栏中的 File 菜单并选择 New File 命令，打开 Python 3 IDLE 自带的编辑器来编写较长的程序。

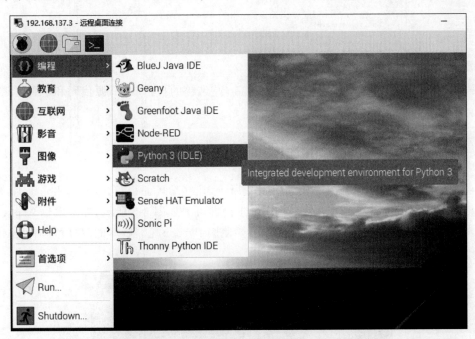

图 2-1　Python 3 IDLE

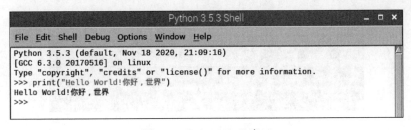

图 2-2　Python Shell 窗口

（2）使用 Thonny Python IDE。Thonny 是最新的 Raspbian 系统中直接自带的支持 Python3 的 IDE，如图 2-1 所示，单击菜单→"编程"→Thonny Python IDE 就能打开使用。如图 2-3 所示，界面主要包括代码编辑区和 Shell 窗口两个区域，前者用来编写代码，后者可以用来交互。Thonny 还有更加强大的适合学习编程的特性，比如 Debug 模式。在该模式下，不需要用户设置断点就可以逐行运行代码，同时可以在右边 Variables 区域中查看所有对象/变量的状态或值。

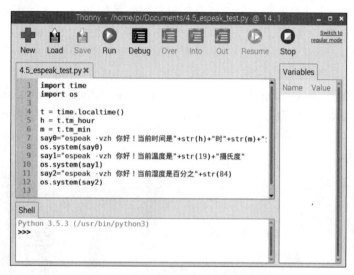

图 2-3　Thonny Python IDE 界面

（3）在终端运行 Python 程序。如图 2-4 所示，在终端界面也可运行 Python 程序，输入命令格式为 **python3 文件名.py**，然后按 Enter 键即可。如图 2-5 所示，在终端输入 python，系统默认使用 Python 2.7 版本的解释器，若要使用 Python 3.5 版本的解释器运行 .py 脚本需要输入以 python3 开头的命令。

图 2-4　在终端运行 Python 程序

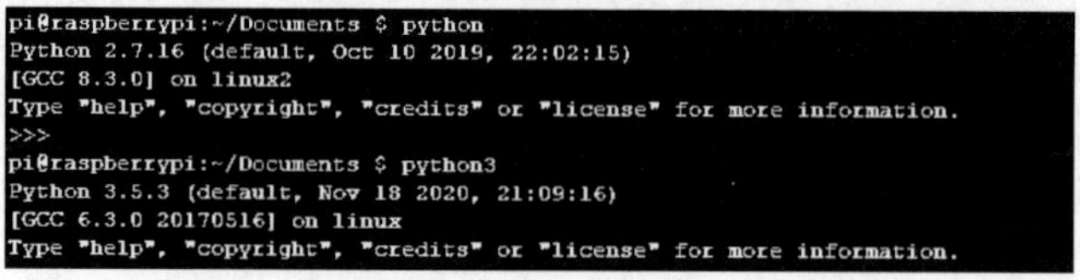

图 2-5　在终端运行 Python 3.5 版本的程序

注意：Python 2 虽然很少直接使用，但很多底层系统组件还是会依赖它，建议读者不要随便删除或修改，否则有可能导致树莓派无法正常工作或者某些功能出现问题，例如灰屏或者桌面消失。

2.1.3 pip 安装 Python 库/包

pip 是 Python 包管理工具，提供了对 Python 包的查找、下载、安装、卸载等功能。如果系统中只安装了 Python 2，那么只能使用 pip；如果系统中只安装了 Python 3，那么既可以使用 pip，也可以使用 pip3，二者是等价的。正如前面指出的，Raspbian 系统中同时安装了 Python 2.7 和 Python 3.5，因此 pip 和 pip3 分别指定给 Python 2 和 Python 3 使用。

在终端输入 **pip3 -V** 或者 **pip3 --version** 可以查看 pip3 的版本，通过命令 **pip3 install --upgrade pip** 可以将 pip3 升级到最新版本。采用 pip3 安装和卸载指定库/包的格式如下：

```
pip3 install SomePackage              #最新版本
pip3 install SomePackage == 1.2.0     #指定版本
pip3 install SomePackage >= 1.0.4     #最小版本
pip3 install -U SomePackage           #升级到最新版
pip3 uninstall SomePackage            #卸载包
```

输入命令 **pip3 show** *SomePackage* 会显示 *SomePackage* 的详细信息，输入命令 **pip3 list** 会列出所有已安装的库/包。除了在线安装的方式以外，还可以从专门为树莓派提供预编译的二进制 Python 包的网站（https://www.piwheels.org/simple/）下载所需的 .whl 文件至本地，通过 **pip3 install** *local_package*.*whl* 命令进行安装，这使得 pip 安装速度更快，也可以避免因网络超时导致安装失败的问题。如果要在树莓派上安装 numPy，则首先在计算机上下载 Python 3.5 版本对应的 .whl 文件，如图 2-6 所示，再通过 FileZilla 软件将其传输到树莓派中，最后在树莓派终端输入命令切换至文件所在目录并执行 **pip3 install** *numpy-1.18.5-cp35-cp35m-linux_armv7l.whl*（输入文件名时可以利用 Tab 键实现补齐功能）完成安装。

注意：可以通过 lscpu 和 cat /proc/cpuinfo 命令查看树莓派 CPU 信息，例如，输入 lscpu 后会显示树莓派 3B 的架构为 armv71，最大频率为 1200MHz 等信息。

2.1.4 更换国内 pip 源

用 pip 安装 Python 库/包时，默认使用国外的源文件，国内下载速度比较慢。将 pip 更换为国内源，可以大大提高速度和安装成功率。比较常用的国内镜像包括：

(1) 阿里云 http://mirrors.aliyun.com/pypi/simple/。

(2) 豆瓣 http://pypi.douban.com/simple/。

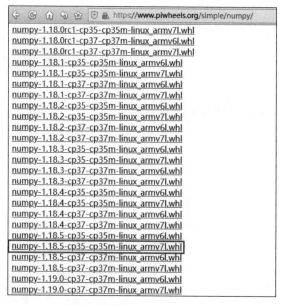

图 2-6　下载 .whl 文件至本地

（3）清华大学 https：//pypi.tuna.tsinghua.edu.cn/simple/。
（4）中国科学技术大学 http：//pypi.mirrors.ustc.edu.cn/simple/。

临时使用国内 pip 源快速安装 Python 包的格式是 **pip3 install 安装包 -i 链接地址**，例如，从清华大学 pip 源安装 qrcode 库的命令是：

```
pip3 install qrcode -i https://pypi.tuna.tsinghua.edu.cn/simple/
```

如果想永久设置 pip 下载源为国内源，那么可以在终端输入 **sudo nano /etc/pip.conf** 打开配置文件，如图 2-7 所示，输入以下内容后保存退出：

```
[global]
index-url = https://pypi.tuna.tsinghua.edu.cn/simple
[install]
trusted-host = https://pypi.tuna.tsinghua.edu.cn
```

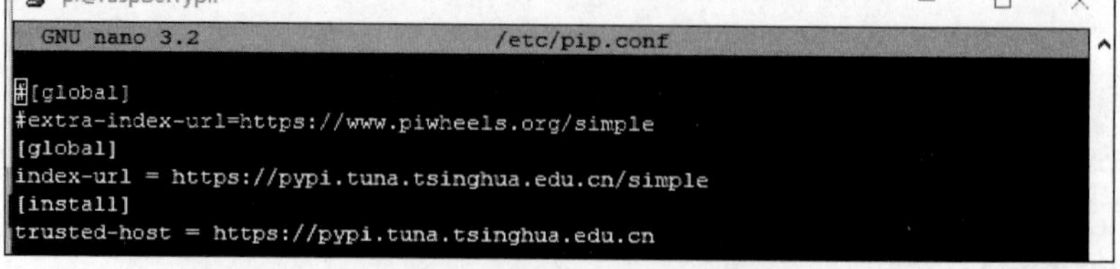

图 2-7　更换 pip 国内源

设置完成后，安装 qrcode 库时选择了清华大学 pip 源，如图 2-8 所示。

图 2-8　选择 pip 国内源

2.1.5　Python 常用库与模块

树莓派应用开发过程中经常会用到一些 Python 标准库和第三方库，表 2-1 列举了部分常用的库与模块并对其功能进行了简单描述。

表 2-1　Python 常用库/模块及其功能

库/模块	功　能　描　述
os	与操作系统相关的函数，比如文件操作等
sys	通常用于命令行参数
re	正则表达式操作库，主要应用在字符串匹配中
threading	包含了关于线程操作的丰富功能
math	提供了许多对浮点数的数学运算函数
time	时间的访问与转换模块，提供各种时间函数
requests	Python HTTP 库，方便对网页链接进行一系列的操作
socket	实现了网络数据传输层的接口，可以创建客户端或服务器的 socket 通信
numpy	进行科学计算的基础库，包括丰富的数组计算功能
pandas	提供很多高性能、易用的数据结构和数据分析工具
scipy	建立在 numPy 之上的 Python 开源科学计算库
scikit-learn	常用的机器学习库，包含多种主流机器学习算法
matplotlib	Python 中最常用的数据可视化库，可以绘制各种可视化图形
cv2	OpenCV 库，涵盖了很多计算机视觉领域的模块
pillow	PIL(Python 图形库)的一个友好分支，Python 中最常用的图像处理库
skimage	图像处理的算法集合，提供了很多对图像进行处理的方法

2.1.6　Jupyter Notebook

在开始介绍 Python 编程基础知识之前，先介绍一个非常有用的工具——Jupyter Notebook。它是基于网页的用于交互计算的应用程序，以网页的形式打开，在网页页面中直接编写代码和运行代码，代码的运行结果也会直接显示在代码块下方。2.2 节的案例讲解及演示都采用这种方式。Jupyter Notebook 中的文档是保存为扩展名为 .ipynb 的 JSON

格式文件。

通过 pip 安装 Jupyter Notebook 的命令格式为 **pip3 install jupyter**。如图 2-9 所示,切换到工作目录下并输入 **jupyter notebook** 就可以启动 Jupyter Notebook,随后浏览器会自动打开如图 2-10 所示的界面,浏览器地址栏中默认显示 http://localhost:8888,其中 localhost 指的是本机,8888 是端口号。需要说明的是,在 Jupyter Notebook 的操作过程中需要保持终端不要关闭,一旦关闭终端,就会断开与本地服务器的链接,将无法在 Jupyter Notebook 中继续进行操作。另外,在树莓派上安装和使用 Jupyter Notebook 的方法与计算机端类似,这里不做介绍。

图 2-9 启动 Jupyter Notebook

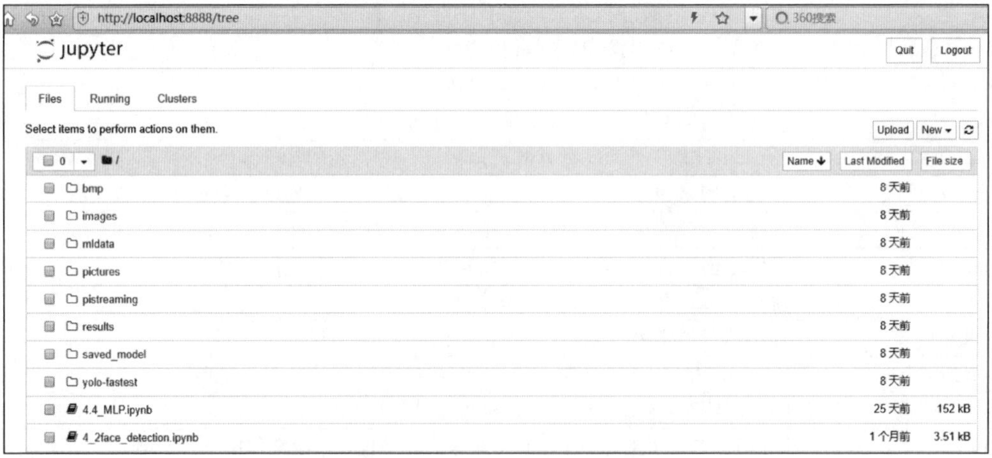

图 2-10 Jupyter Notebook 浏览器界面

单击图 2-10 所示界面右上角的 New 下拉列表框并选择 Python 3 编程环境会新建一个空文档,在新界面单击 File 菜单下的 Rename 命令,将该文档命名为 ch2_demo.ipynb,如图 2-11 所示。随后可以在代码单元(cell)中输入代码,代码单元支持对文本的剪切/复制/粘贴等操作。单击 Insert 菜单可以在当前代码单元的上面或下面插入新的代码单元。要执行本单元的代码可以按 Shift+Enter 或 Ctrl+Enter 组合键,二者的区别是,前者执行完本单元代码后会跳转到下一单元;而后者在执行完代码后留在本单元。

图 2-11　在 Jupyter Notebook 中新建脚本文档

2.2　Python 编程基础

本节只介绍 Python 编程的基础知识，便于读者理解后面章节的例程，Python 语言的详细内容可参照相关书籍进行学习。本节将使用 Jupyter Notebook 交互工具进行程序的编写与演示。

2.2.1　数据类型

Python 中的变量不需要声明数据类型，但是变量在使用前必须赋值，只有赋值后该变量才会被创建。Python 提供 6 种标准的数据类型，即数字、字符串、列表、元组、字典和集合，其中字符串、列表和元组是有顺序的数据元素的集合体；而字典和集合属于无顺序的数据集合体，不能通过位置编号来访问数据元素。

1. 数字（number）

数字类型是用来存储数值，包括整型、浮点型、布尔型以及复数类型。使用 Python 内置函数可以进行数据类型的转换，例如，int(x)和 float(x)分别将 x 转换成整数和浮点数，complex(a,b)将 a 和 b 转换为复数 a + bj。

2. 字符串（string）

Python 中用单引号或双引号括起来的内容被视为字符串。字符串是一组有序的用于表示文字信息的字符集合，可以包含字母、数字、标点符号等。字符串常用函数和方法包括：str()函数将数字、列表、元组等转换成字符串；len()函数计算字符串的长度；find()方法查找字符子串在原字符串中首次出现的位置，如果没有找到，则返回 −1；lower()方法将字符串中的大写字母转换为小写字母，upper()则相反；split()方法按指定的分隔符将字符串拆分成多个子串，返回值为列表。在图 2-11 中的代码单元中输入以下语句，查看相关操作的结果（带底纹文字为代码，紧跟的无底纹文字为对应的运行结果）。

```
len('Hello')
```

5

```
str = 'Hello' + 'World'
str[0],str[2]
```

```
('H', 'l')
```

```
s = 'ABCD123'
s.find('CD')
```

2

```
s = 'AB, 123, xyz'
s.split(sep = ',')  # 以逗号为分隔符将字符串拆分,也可以直接用 s.split(',')
```

```
['AB', ' 123', ' xyz']
```

3. 列表(list)

把逗号分隔的不同的数据项使用方括号括起来即可创建一个列表。列表的数据项不需要具有相同的数据类型,可以是数字、字符串甚至可以包含列表(列表嵌套)。列表索引从0开始,可以根据索引或者切片操作访问列表中的元素或重新赋值。列表常用的操作包括:del 语句、remove()方法用来删除列表的元素;append()方法在列表末尾添加元素,insert()方法将元素插入到列表中指定位置;index()方法确定元素在列表中的位置;count()方法统计列表中某个元素出现的次数;sort()方法对列表元素进行排序(默认为升序),降序排序的方法为 sort(reverse=True)。在新的代码单元中输入以下语句,查看相关操作的运行结果。

```
list1 = ['中国', '美国', 1997, 2000,'Japan']
del list1[0:2]
list1
```

```
[1997, 2000, 'Japan']
```

```
list1.remove('Japan')
list1
```

```
[1997, 2000]
```

```
list1.append(2003)
list1
```

```
[1997, 2000, 2003]
```

```
list1.insert(2,2000)
list1
```

```
[1997, 2000, 2000, 2003]
```

```
list1.index(2000)
```

1

```
list1.sort(reverse = True)
list1
```

[2003, 2000, 2000, 1997]

4. 元组(tuple)

创建元组只需将不同的数据项用逗号分隔并使用小括号括起来即可。元组与列表类似，不同之处在于元组使用小括号，列表使用方括号，元组的元素不可修改也不能删除。通过将一组对象定义为元组，可以确保在程序中任何地方使用相同的一组数据。任意以","分开的序列默认是元组。对列表进行的操作都适用于元组，比如，可以对元组进行嵌套、索引和切片操作；元组的元素不允许删除，但是可以使用del命令删除整个元组；元组与列表可以相互转换。相关操作与结果如下：

```
tuple1 = ('words',23,[1,2,3])
tuple2 = "a", "b", "c", "d"    # 以","分隔的序列是元组
tuple3 = tuple1 + tuple2
tuple3
```

('words', 23, [1, 2, 3], 'a', 'b', 'c', 'd')

```
list3 = list(tuple3)
list3
```

['words', 23, [1, 2, 3], 'a', 'b', 'c', 'd']

5. 字典(dict)

字典是一种可变容器模型，可存储任意类型对象。字典由大括号括起来，包含若干个键-值(key-value)数据对，每个键值对用冒号连接，每对键值之间用逗号分隔。字典中的元素是通过key来访问和修改的。通过len()函数返回键值对的个数；使用values()和keys()方法分别返回包含字典所有value和key的列表；使用items()方法返回包含所有(键,值)元组的列表；可以用del删除一个条目或字典，也可以用clear()方法清空字典。

```
dict = {'name': 'lm', 'school': 'CUG', 'age': 21}
len(dict)
```

3

```
dict.keys()
```

dict_keys(['name', 'school', 'age'])

```
dict.items()
```

dict_items([('name', 'lm'), ('school', 'CUG'), ('age', 21)])

```
del dict['name']
dict
```

```
{'school': 'CUG', 'age': 21}
```

```
dict['name'] = 'xh'
dict
```

```
{'school': 'CUG', 'age': 21, 'name': 'xh'}
```

注意：字典能够将 key-value 信息关联起来,但不记录键值对的顺序。字典中的元素默认是无序的,可以使用 collections 模块中的 OrderedDict 对象实现对字典中元素的排序。

6. 集合(set)

集合用大括号把元素括起来,元素之间用逗号分隔,其基本功能是进行成员关系测试和删除重复元素。使用大括号或者 set()函数创建集合,但创建一个空集合必须用 set()。可以使用"-"|""&"运算符进行集合的差集、并集、交集运算。

```
s = set()
type(s) #查看变量类型
```

```
set
```

```
student1 = set(['Tom', 'Jim', 'Mary'])
student2 = {'Tom', 'Jack', 'Rose'}
student = student1 | student2
student
```

```
{'Jack', 'Jim', 'Mary', 'Rose', 'Tom'}
```

2.2.2 基本语法

1. 顺序控制语句

print()函数用于打印输出,是最常见的一个内置函数。括号内可以是数据的运算,也可以是字符串。当内容是字符串时,既可以用双引号,也可以用单引号。例如,

```
print("2 + 3 = ",2 + 3)
```

```
2 + 3 = 5
```

可以使用+将两个字符串链接起来,例如,

```
print('Hello world,' + 'Hello Wuhan')
```

```
Hello world, Hello Wuhan
```

可以使用%格式化输出数据,运行以下代码:

```
print('int:%d, float:%.2f, city:%s' %(15,3.14,'Wuhan'))
print('%d, %f, %s' %(15, 3.14, 'Wuhan'))
```

```
int:15, float:3.14, city:Wuhan
15, 3.140000, Wuhan
```

input()函数用于从控制台读取用户输入的内容,该函数总是以字符串的形式来处理用户输入的内容。在新的代码单元中输入:

```
username = input("Hello, I'm Raspberry Pi! What is your name? ")
print ('Nice to meet you, ' + username + ' have a nice day!')
```

```
Hello, I'm Raspberry Pi! What is your name? Jack
Nice to meet you, Jack have a nice day!
```

当需要输入数字型数据时,可以使用eval()函数将输入的字符串当成有效的表达式来求值并返回结果,输入如下代码:

```
b = eval(input("输入一个数字:"))
print(b)
type(b)
```

```
输入一个数字: 3.14
3.14
<class 'float'>
```

2. 选择语句

选择结构根据条件的判断结果来决定是否执行或者执行哪个语句块。Python 中的选择结构可用 if 语句、if…else 语句和 if…elif…else 语句实现。对于 if 语句,当判断条件为真时,会执行随后缩进块内的代码,否则将跳过缩进块往下执行。对于 if…else 语句,当判断条件为真时,执行 if 分支的语句块;当条件为假时,执行 else 分支的语句块。Python 可以通过 if…else 的行内表达式完成类似的功能,格式为"var=var1 if condition else var2",即当 condition 为真时,将 var1 的值赋给 var,否则将 var2 的值赋给 var。例如,

```
a = 1
b = 2
h = a-b if a>b else a+b
print(h)
```

```
3
```

Python 没有提供 switch 多分支结构,当有多个判断条件时,可以使用 if…elif…else 语句实现多分支控制,一旦某个分支的判断条件为真就执行该分支后面缩进块内的代码。执

行完毕后跳出该 if…elif…else 语句块,继续执行其后的语句。在新的代码单元中输入以下代码并查看运行结果:

```
s = input("Please enter score:")
x = int(s)  # 将输入的字符串转化为整数型数值
if (x >= 90 and x <= 100):
    print("excellent")
elif (x >= 80 and x <= 89):
    print("good")
elif (x >= 70 and x <= 79):
    print("medium")
elif (x >= 60 and x <= 69):
    print("pass")
else:
    print("fail")
```

```
Please enter score:85
good
```

注意:if、elif 和 else 语句末尾的冒号不能省略,每一个分支的语句块必须向右缩进相同的距离。判断条件可以是关系表达式或逻辑表达式,也可以是各种类型的数据。对于数字型数据,非零为真,零为假;对于字符串或者集合类数据,空字符串和空集合为假。

3. 循环语句

Python 中有 for 和 while 两种循环语句。for 循环必须有一个可迭代的对象,前面介绍的 list、tuple、dict 和 set 都能够迭代。while 在循环之前,先进行条件判断,只有条件为真才会执行循环过程,当条件不再为真时会退出当前循环。循环语句中还有两个关键字 continue 和 break,它们下面的语句都不会被执行,但区别在于,continue 是跳出本次循环,继续从头开始循环;而 break 则是停止整个循环。下面分别举例说明 for 循环和 while 循环的使用方法。输入以下代码并查看运行结果:

```
dict = {}
dict['language'] = 'python'
dict['version'] = 3.5
dict['platform'] = 64
for key in dict:
    print(key, dict[key])
```

```
language python
version 3.5
platform 64
```

```
fruits = ['banana', 'apple', 'pear','pineapple']
for i in range(len(fruits)):
    print( '水果%i:' %(i+1),fruits[i])
print ("What's your favorite fruit?")
```

```
水果 1 : banana
水果 2 : apple
水果 3 : pear
水果 4 : pineapple
What's your favorite fruit?
```

上例中使用了 Python 常用的内置函数 range()，该函数会返回一个序列，使用方法是 range(start,stop[,step])或 range(stop)，其中 start 是序列的起始值，stop 为结束值，step 为步长(默认步长为 1)，即从 start 开始，依次增加 step，区间范围为[start,stop)。如果省略了 start，则将从 0 开始，相当于 range(0,stop)。

```
products = [ ('Iphone',5800),
    ('Mac Pro', 8000),
    ('Watch', 2000),
    ('Book', 120),
    ('Coffee', 30),
    ('Pen', 5),
    ('Notebook', 15)]
shopping_list = []
salary = input("请输入您的收入：")
if salary.isdigit() :
    salary = int(salary)
    while True:
        for index,item in enumerate(products):
            print(index,item)
        option = input("请选择要购买商品的序号,否则请输入 q 退出")
        if option == 'q':
            if len(shopping_list):
                print("您的购物清单如下：")
                for p in shopping_list:
                    print(p)
                print("您的余额为：%s" % salary)
            break
        elif option.isdigit() and 0 <= int(option)< len(products):
            option_product = products[int(option)]
            if option_product[1]<= salary :
                shopping_list.append(option_product)
                salary -= option_product[1]
                print("%s 已加入购物车,您的余额为 %s" % (option_product,salary))
            else:
```

```
                    print("您的当前余额为%s,余额不足!" % salary)
            else:
                print("抱歉,您选择的商品不存在!")
    else:
        print("您的收入输入不正确!")
```

上面这个关于购物的例程是对前面已经介绍过的基本语法的综合应用。代码中使用了 Python 的另一个内置函数 enumerate(),该函数将一个可迭代/可遍历的数据对象组成一个索引序列,可以同时获得索引和值。本例中 while 条件一直为真,只有当按下 Q 键时,break 会结束循环。

2.2.3 函数

函数是带名字的代码块,用于完成具体的工作。可以将需要多次执行的同一任务编写成函数,在需要使用时直接调用,这样能大大提高编程效率。Python 定义函数的格式为:

```
def 函数名(函数参数):
    函数体
    return 表达式或值
```

关键字 def 后是函数名,紧接着的括号内为函数的参数(如果没有参数,那么括号内为空),最后以冒号结尾。下面的所有缩进行构成了函数体,也就是函数的具体功能代码。如果想要函数有返回值,那么可以在代码最后用 return 语句返回任何类型的值,包括列表、字典等数据。调用函数时,只需指定函数名和括号内的参数,函数内部的功能代码就会执行。

```
def add(a, b):
    c = a+b
    return c
```

上面定义了一个函数名为 add 的函数,其形参是 a 和 b,函数的功能就是把两个参数加起来,最后返回结果 c。在调用函数时,参数个数和顺序一定要与函数定义中的保持一致。例如,终端输入 add(2,3)将会调用该求和函数,将 a=2、b=3 传入函数,并返回结果 5。

另外,在定义函数时可以给形参指定默认值,以简化函数调用过程。调用函数时如果提供了实参,则使用给定的实参值;否则会使用形参的默认值。需要说明的是,使用默认值时,形参列表中必须先列出没有默认值的形参,再列出有默认值的形参。例如,重新定义上面的求和函数:

```
def add(a, b=3):
    c = a+b
    return c
```

这里形参 b 设置了默认参数,该参数在函数调用过程中无须通过实参指定。在终端输入 add(2),实参值 2 会赋给形参 a,形参 b 取默认值 3,函数运行后也将得到返回值 5。如果通过 add(2,5)调用函数,则形参 b 会使用指定的实参值 5 来修改默认参数,最后的返回值是 7。

除了在程序中直接调用函数以外,还可以将一个或多个函数保存在被称为模块(扩展名为.py)的独立文件中,再将该模块通过 import 语句导入到当前程序中以便使用模块中的函数,具体方法将在 2.2.5 节中介绍。

2.2.4 类和实例

面向对象最重要的概念就是类和实例,类是抽象的模板,而实例是根据类创建出来的具体对象,每个对象都拥有相同的方法,但各自的数据可能不同。Python 定义类使用 class 关键字,后面是类名和冒号,换行并定义类的内部实现。类名一般采用驼峰命名法,即类名中每个单词的首字母大写,不使用下画线。新建名称为 car.py 的脚本,输入以下内容创建一个表示汽车的类:

```python
class Car():
    def __init__(self, make, model, year):  #构造函数,初始化描述汽车的属性
        self.make = make
        self.model = model
        self.year = year
        self.odometer_reading = 0  #指定默认初始值

    def get_descriptive_name(self):  #返回整车的信息描述
        long_name = str(self.year) + ' ' + self.make + ' ' + self.model
        return long_name.title()

    def read_odometer(self):  #打印汽车里程的消息
        print("This car has " + str(self.odometer_reading) + " miles on it.")

    def update_odometer(self, mileage):  #更新里程表读数
        if mileage >= self.odometer_reading:
            self.odometer_reading = mileage
        else:
            pass
```

类中用 def 定义的函数称为方法。__init__()方法包括 4 个形参,其中 self 是必不可少的,且必须位于其他形参之前。创建新实例时,__init__()方法会自动运行,接收形参的值并将它们存储在实例的属性中。类中的每个属性都必须有初始值,有些属性可以设置默认初始值,例如,odometer_reading 属性的初始值默认为 0,在__init__()方法中没有包含为它提供初始值的形参。get_descriptive_name()方法根据属性 year、make 和 model 返回描述汽车属性的字符串。在类的方法中访问属性时需要以 self 为前缀,因此,在 get_descriptive_name()方法中使用 self.year、self.make 和 self.model 访问属性的值。read_odometer()方

法获取汽车的里程数。update_odometer()方法接收一个里程值 mileage,如果该值大于或等于原来的里程 self.odometer_reading,则将里程表读数进行更新。

在 Jupyter Notebook 代码单元中输入并运行以下代码:

```
my_car = Car('Audi', 'A4L',2015)         # 创建 Car 类的一个实例并存储到变量 my_car 中
print(my_car.get_descriptive_name())
my_car.odometer_reading = 40              # 直接修改属性的值
my_car.read_odometer()
my_car.update_odometer(100)               # 通过方法修改属性
my_car.read_odometer()
```

2015 Audi A4L
This car has 40 miles on it.
This car has 100 miles on it.

其中,my_car = Car('Audi'、'A4L',2015)这行代码是使用实参'Audi'、'A4L'和 2015 调用 Car 类中的__init__()方法创建一个表示特定车辆的实例,并将该实例存储在变量 my_car 中,随后调用 get_descriptive_name()方法输出车辆的信息描述。在调用与类相关的方法时都会自动传递实参 self,它指向实例本身,让实例能够访问类中的属性和方法。接下来在实例 my_car 中找到 odometer_reading 属性,通过直接访问的方式(实例.属性)将其值修改为 40,并调用 read_odometer()方法获取汽车的里程数;还可以通过调用 update_odometer()方法修改属性的值。

继承机制用于创建和已有类功能类似的新类。新类称为子类,已有的类为父类,子类将自动获得父类的所有属性和方法,同时还可以定义自己的属性和方法。在 car.py 文件中补充以下代码,将 Car 的子类 ElectricCar 保存到该模块中:

```
class ElectricCar(Car):                   # 继承 Car 类
    def __init__(self, make, model, year):  # 初始化父类的属性
        super().__init__(make, model, year)
        self.battery_size = 70            # 给子类定义属性并设置初始值

    def describe_battery(self):           # 给子类定义方法,打印描述电瓶容量的信息
        print("This car has a " + str(self.battery_size) + "kwh battery.")

    def get_descriptive_name(self):       # 重写父类的方法
        long_name = str(self.year) + ' ' + self.make + ' ' + self.model + ' ' + str(self.battery_size)
        return long_name.title()          # 返回的字符串所有单词首字母开始,其余字母均为小写
```

定义子类时,必须在括号内指定父类的名称。子类的__init__()方法接收创建父类 Car 实例所需的信息。super()是一个特殊函数,能够将父类和子类关联起来,让 Python 调用 ElectricCar 的父类的__init__()方法,让 ElectricCar 实例包含父类的所有属性。上例中还为子类添加了新属性 battery_size,ElectricCar 实例都将包含这个属性,但父类 Car 的实例

不包含它。另外,重写了父类的 get_descriptive_name() 方法。重写父类的方法就是在子类中定义一个与父类中方法同名的方法,子类调用该方法时,会忽略父类中对应的方法。在代码单元中输入以下代码,查看运行结果:

```
my_tesla = ElectricCar('tesla', 'Model S', 2019)
print(my_tesla.get_descriptive_name())
my_tesla.describe_battery()
```

```
2019 Tesla Model S 70
This car has a 70kwh battery.
```

上面第一行代码使用实参'tesla'、'Model S'和 2019 创建了一个 ElectricCar 类的实例,并存储在 my_tesla 变量中。该行代码调用 ElectricCar 类中的 __init__() 方法,让 Python 调用其父类 Car 中的 __init__() 方法,随后调用重写的 get_descriptive_name() 方法打印出 ElectricCar 实例的描述信息,再调用 describe_battery() 方法打印描述电瓶容量的信息。

与函数一样,Python 允许将自定义的类存储在模块(.py 文件)中,然后在主程序中导入所需的模块从而使用定义的类。

2.2.5 import 导入模块

Python 中每个 .py 文件都可以作为一个模块,模块名就是文件名。通过 import 或 from⋯import 语句来导入模块,主要包括以下方式。

(1) import *module*:将整个模块导入。
(2) from *module* import *function/class*:导入模块中特定的函数或类。
(3) from *module* import *:导入模块中的所有函数或类。

在当前目录下创建文件名为 calculation.py 的模块,其中定义如下两个函数:

```
def add(a, b):
    return a + b

def sub(a, b):
    return a - b
```

使用 import 导入整个模块,调用其中任一函数的格式是:模块名.函数名。在新的代码单元中继续输入以下代码,导入刚创建的模块并调用其中的两个函数:

```
import calculation

print(calculation.add(2,3))
print(calculation.sub(2,3))
```

运行上述代码时，import calculation 命令行会打开 calculation.py，将其中的所有函数复制到当前程序中（这个过程是不可见的），随后就可以在当前程序中使用 calculation.py 中定义的所有函数。

与之前不同的是，通过 from…import 语句可以从模块中显式地导入要使用的函数，调用时只需指定函数名称。在新的代码单元中输入以下代码：

```
from calculation import add, sub

print(add(2,3))
print(sub(2,3))
```

运行后得到了相同的结果。与此相似，使用 from calculation import * 可以导入 calculation 模块中的所有函数，调用函数时也只需指定函数名。通常情况下，只导入需要使用的函数，而不推荐导入模块中的所有函数，例如，模块中的函数名与当前项目中使用的名称相同时可能发生无法预料的结果。

使用关键字 as 可以给模块指定简短的别名，例如，import calculation as cal 给 calculation 模块指定了别名 cal，这意味着调用 add() 函数时可以使用 cal.add()，这样可以使代码更简洁。同样，也可以使用 as 给函数指定别名，例如，from calculation import add as ad 将 add() 重命名为 ad()，在程序中要调用 add() 时都可以写成 ad()。这种方式可以在函数名称过长或者存在名称冲突时使用。

从模块中导入类也可以使用前面所述的方法。例如，import car 语句导入整个 car 模块，使用"模块名.类名"的格式访问需要的类；from car import ElectricCar 语句是从 car 模块将 ElectricCar 类导入。导入类后，就可以根据需要创建类的实例。

除了导入自建的模块，也可以按上述方法导入程序中需要用到的 Python 标准库或者安装的第三方库，如 import time、import numpy as np。需要同时导入多个模块时，通常按以下顺序依次操作：先导入标准库模块，其次导入第三方扩展库模块，最后导入自己定义的本地模块。

2.2.6 文件的使用

1. 打开与关闭文件

要访问一个文件，必须先打开它，使用文件内容后需要关闭文件。open() 函数用于打开文件并返回一个文件对象，语法格式为：文件对象= open(filename,mode)，其中，第一个参数是要打开的文件名，如果要打开的文件与当前程序不在同一目录中时需要提供完整的文件路径；第二个参数是打开模式，包括读模式('r')、写模式('w')、追加模式('a')以及读写模式('r+')等，默认是读模式。close() 函数用来关闭已打开的文件，语法格式为：文件对象.close()。

通常分别调用 open() 函数和 close() 函数来打开和关闭文件，但有可能因为程序异常导致 close() 函数未执行，使得文件没有被关闭，造成文件数据丢失或损坏。因此，可以使用 with 语句，在不再需要访问文件后自动关闭文件。在当前工作目录下新建 hello.txt 文件，然后在 Jupyter Notebook 代码单元输入：

```
with open("hello.txt") as f:
    for line in f:
        print(line, end = '')
```

上述代码的功能是调用 open() 函数打开 hello.txt 后不换行显示其内容，随后自动关闭文件，无须调用 close()。显然，采用 with 语句的结构更为方便有效，使用者只需打开文件并进行相应的操作，Python 就会在合适的时候自动关闭文件。

2. 读取文件

要使用文件中的信息，需要将信息先读取到内存中。可以一次性读入全部内容，也可以逐行读取。read() 方法读取文件的全部内容，并将其作为一个字符串，可以设置最大读入字符数来限制一次读取的大小，例如，read(n) 表示每次读取 n 个字符；readline() 方法从文件中读取一行并将其作为一个字符串；readlines() 方法从文件中读取每一行并将其存储在一个列表中。在代码单元中输入以下内容来进行比较说明：

```
with open("hello.txt") as f:  #read()方法
    fileContent = f.read()
print(fileContent.rstrip())


fileContent = ""
with open("hello.txt") as f:  #readline()方法
    while True:
        line = f.readline()
        if line == "":
            break
        fileContent += line
print(fileContent.rstrip())


with open("hello.txt") as f:  #readlines()方法
    lines = f.readlines()
for line in lines:
    print(line.rstrip())
```

以上 3 种方法的运行结果相同，它们都使用了关键字 with，让 Python 负责打开和关闭文件。每种方法从文件中读取内容存储到各自的变量中，在 with 代码块外打印输出文件内容。由于 print 语句默认会加上一个换行符，为了消除最后多余的空白行，上例中 print 语句使用了 rstrip() 方法。

3. 写文件

写文件与读文件相似，都需要先调用 open() 函数以写模式或追加模式打开文件，创建文件对象。需要说明的是，以写模式打开已有文件时，返回文件对象前会清空该文件。如果写入的文件不存在，那么 open() 函数将自动创建它。此外，与读文件时不能添加或修改数据类似，写文件时也不允许读取数据。在代码单元中输入以下语句：

```
with open(hello.txt,'a') as f:  #以追加模式打开文件
    f.write("I love programming")
```

运行后打开 hello.txt 文件，会发现在该文件末尾写入了指定的字符串。write() 方法不会在写入的文本末尾添加换行符，如果想写入多个字符串且同时让每个字符串单独占一行，需要在 write() 语句中包含换行符。例如，以下代码将会在 hello.txt 文件末尾添加两行内容：

```
with open("hello.txt",'a') as f:  #以追加模式打开文件
    f.write("I love programming\n")
    f.write("I love Python\n")
```

注意：Python 只能将字符串写入文本文件，要将数字型数据存储到文本文件中，必须先使用 str() 函数将其转换为字符串格式。

2.2.7 异常

Python 使用被称为异常的特殊对象来管理程序执行期间发生的错误。try…except 代码块被用来处理异常。当使用了 try…except 代码块时，即使出现异常，程序也将继续运行，显示用户编写的错误消息；如果异常未被处理，则程序就会执行回溯（Traceback）来终止运行。下面举例说明，在代码单元中输入以下内容：

```
with open("hello_copy.txt") as f:
    contents = f.read()
words = contents.split()
print(len(words))
```

由于当前目录下 hello_copy.txt 文件不存在，打开文件时会报错。运行上述代码时将会看到一个 Traceback，指出引发异常的是错误 FileNotFoundError。由于没有做异常处理，所以出现这种情况时 Python 将终止运行程序。根据异常信息对程序做如下修改：

```
try:
    with open("hello_copy.txt") as f:
        contents = f.read()
except FileNotFoundError:
    print("The file doesn't exist")
else:
    words = contents.split()
    print(len(words))
```

上述代码中使用 try…except 代码块来处理可能引发的异常。如果 try 代码块中的语句运行没有问题，将会跳过 except 代码块，执行 else 代码块中的语句，即通过 split()方法以空格为分隔符将字符串拆分成单词并统计单词个数；如果 try 代码块中的语句导致错误，引发 FileNotFoundError 异常，那么程序不会终止运行而是查找 except 代码块，并运行其中的代码，输出提示"The file doesn't exist"。

2.2.8　多进程与多线程

进程是资源分配的基本单位，线程是 CPU 执行和调度的基本单位。进程之间的数据是独立的，同一个进程中的所有线程的数据是共享的。例如，一个程序的执行实例就是一个进程。进程提供执行程序所需的所有资源，进程启动时都会最先产生一个线程，即主线程，然后主线程会再创建其他的子线程。

Python 3 的标准库 multiprocessing 提供对多进程的支持。由于 Jupyter Notebook 只能跟踪主进程，无法跟踪子进程，本节例程直接在 Python 3 IDLE 下编写运行。在当前目录下新建 multi-process.py，输入以下代码：

```python
from multiprocessing import Process, Queue
import os
import time

def long_time_task(q,i):
    var = 0
    for j in range(50000000):                              #模拟计算密集型任务
        var += 1
    q.put('子进程:{} - 任务{}'.format(os.getpid(), i))    #在队列中插入数据
    q.put("结果:{}".format(var))

if __name__ == '__main__':
    print('当前父进程:{}'.format(os.getpid()))
    q = Queue(4)                                           #创建队列,队列最大长度 4
    start = time.time()
    p1 = Process(target = long_time_task, args = (q,1,))   #创建新进程
    p2 = Process(target = long_time_task, args = (q,2,))
    p1.start()                                             #启动进程
    p2.start()
    p1.join()                                              #阻塞父进程,等待子进程都完成
    p2.join()
    end = time.time()
    while not q.empty():    #队列不为空,从队列中读取数据并打印,直至队列为空
        print(q.get())
    print("两个进程并行用时:{}秒".format((end - start)))
    print(" ----------------------- ")                    #分隔前后两部分代码
    print('当前父进程:{}'.format(os.getpid()))
```

```
    start = time.time()
    for i in range(1,3):
        long_time_task(q,i)
    end = time.time()
    while not q.empty():
        print(q.get())
    print("单进程用时:{}秒".format((end-start)))
```

当前父进程: 12044
子进程: 19496 - 任务 1
结果: 50000000
子进程: 18672 - 任务 2
结果: 50000000
两个进程并行用时: 6.16314697265625 秒

当前父进程: 12044
子进程: 12044 - 任务 1
结果: 50000000
子进程: 12044 - 任务 2
结果: 50000000
单进程用时: 8.732923746109009 秒

以上是一个简单的计算密集型示例。计算密集型任务的特点是要进行大量的计算,消耗 CPU 资源。第一部分代码利用 multiprocess 模块的 Process() 方法创建了两个进程 p1 和 p2 来进行并行计算。Process() 方法接收两个参数:target 是进程指定执行的任务,一般指向函数名;args 是需要向函数传递的参数。调用 start() 方法启动创建的新进程,使用 join() 方法是为了阻塞父进程,等待子进程完成后打印出总的耗时。第二部分代码采用单进程计算,按顺序执行代码,重复计算两次,并打印出用时。此外,代码中使用 os.getpid() 打印出当前进程的名字,通过队列来跟踪子进程的运行过程。

通过对比前后两部分代码的运行结果,可以看到多进程编程的优势在于同时运行了多个任务。并发执行的时间明显比单进程顺序执行要快。尽管第一部分代码只创建了两个进程,可实际运行中还包含一个父进程,正是在该父进程下创建了这两个子进程。在第二部分代码的运行过程中,始终只有一个进程。

注意:函数 time.time() 用于获取当前时间戳,每个时间戳都以 1970 年 1 月 1 日午夜到当前时刻的时长来表示。两个时间戳的差值就是经过的时间间隔,是以秒为单位的浮点小数。

Python 3 中的多线程编程主要依靠 threading 模块,创建新线程与创建新进程的方法非常类似。在当前目录下新建 multi-thread.py,使用多线程重写上面的代码:

```python
import threading
import os
import time

def long_time_task(i):
    var = 0
    for j in range(50000000):
        var += 1
    print('进程:{},当前子线程:{} 任务{}'.format(os.getpid(), threading.current_thread()
                                    .name, i))
    print("结果:{}".format(var))

if __name__ == '__main__':
    print('进程:{},主线程:{}'.format(os.getpid(),threading.current_thread().name))
    start = time.time()
    t1 = threading.Thread(target = long_time_task, args = (1,))  # 创建新线程
    t2 = threading.Thread(target = long_time_task, args = (2,))
    t1.start()  # 启动线程
    t2.start()
    t1.join()  # 阻塞主线程,等待子线程都完成
    t2.join()
    end = time.time()
    print("多线程用时:{}秒".format((end - start)))
```

进程:4480,主线程:MainThread
进程:4480,当前子线程:Thread-1 任务1
结果:50000000
进程:4480,当前子线程:Thread-2 任务2
结果:50000000
多线程用时:9.055224895477295 秒

上面代码中通过 threading.Thread() 方法创建新的线程,其中 target 指定函数名,args 向函数传递参数。调用 start() 方法启动线程,使用 join() 方法等待子线程执行完毕后再执行主线程,通过 current_thread().name 获取当前线程的名字。从运行结果可以看出,主线程创建子线程,主线程和子线程独立运行互不干涉,所有线程的进程号相同。与之前的结果对比发现,同一计算任务多线程的运行时间比多进程/单进程的运行时间都要长,而且计算密集度越大,这种趋势似乎越明显。主要原因在于 Python 中的线程只能实现并发,而不能实现真正的并行。尽管 Python 支持多线程编程,但是为了保证线程之间数据的一致性和状态同步,CPython 解释器被一个全局解释器锁 GIL(Global Interpreter Lock)保护着,其作用是保证同一时刻只能执行一个 Python 线程。不管进程中有多少线程,只有拿到了 GIL 锁的线程才可以在 CPU 上运行。

GIL 的存在使得 Python 的多线程编程并不能利用多核 CPU 的优势,比如,一个使用了多个线程的计算密集型程序只会在一个单 CPU 上面运行。但这并不意味着多线程就没

有意义，以上只是对计算密集型任务做了对比分析，如果是 I/O 密集型任务，还是可以使用多线程来提升效率的。这是因为 I/O 密集型任务只有较少时间用在 CPU 计算上，大部分时间都在等待 I/O 操作完成，如文件读写、Web 请求等，CPU 遇到 I/O 阻塞时仍然需要等待，多核对 I/O 密集型任务的提升有限。相反地，开启多线程可以使 Python 在需要等待时释放 GIL 供新的线程使用，实现线程间的自动切换，程序执行效率将会比多进程占优。

通常来说，Python 中多线程适用于 I/O 密集型任务，而计算密集型任务中应该使用多进程以便利用多核 CPU 并行完成计算。实际应用程序一般不会是纯粹的计算或 I/O 操作，因此，只能相对判断一个程序到底是计算密集型还是 I/O 密集型，根据情况选择使用多进程或者是多线程。

最后需要说明的是，一个进程所含的不同线程间共享内存，线程之间共享数据的危险在于多个线程同时修改一个变量。通过 threading.lock() 方法可以实现对共享变量的锁定，确保线程之间互不影响。在每个线程修改共享内存之前，使用 lock.acquire() 将共享内存上锁，确保当前线程执行时内存不会被其他线程访问，执行完毕后使用 lock.release() 开锁，以便共享内存供其他线程使用。例如：

```python
import threading

def job1():
    global A, lock
    lock.acquire()
    for i in range(10):
        A += 1
        print('job1', A)
    lock.release()

def job2():
    global A, lock
    lock.acquire()
    for i in range(10):
        A += 10
        print('job2', A)
    lock.release()

if __name__ == '__main__':
    lock = threading.Lock()
    A = 0
    t1 = threading.Thread(target = job1)
    t2 = threading.Thread(target = job2)
    t1.start()
    t2.start()
    t1.join()
    t2.join()
```

从打印结果来看,使用 lock 和不使用 lock,输出的结果是不同的。使用 lock 后,线程是按顺序逐个执行的。

注意:Thread 和 Process 的首字母都要大写,target 中是指定的函数名,不带括号,函数的参数放在 args(…)中。

第 3 章 传感器接口与编程

本章从基本传感器模块入手,介绍树莓派 GPIO 接口与各种传感器的连接与编程,学习树莓派的硬件资源与接口设计。本章使用的各种传感器模块价格便宜,购买方便。

3.1　GPIO 接口简介

树莓派拥有 40 个可编程的 GPIO(通用输入/输出端口)引脚。GPIO 应用非常广泛,掌握了 GPIO 的使用,就掌握了树莓派硬件设计的能力。使用者可以通过 GPIO 输出高低电平来控制 LED、蜂鸣器、电动机等各种外设工作,也可以通过它们实现树莓派和外接传感器模块之间的交互。树莓派 3B/3B+ 的 GPIO 接口及引脚分布如图 3-1 所示,除了包括多个

BCM 编码	功能名	物理引脚 BOARD 编码		功能名	BCM 编码
	3.3V	1	2	5V	
2	SDA.1	3	4	5V	
3	SCL.1	5	6	GND	
4	GPIO.7	7	8	TXD	14
	GND	9	10	RXD	15
17	GPIO.0	11	12	GPIO.1	18
27	GPIO.2	13	14	GND	
22	GPIO.3	15	16	GPIO.4	23
	3.3V	17	18	GPIO.5	24
10	MOSI	19	20	GND	
9	MISO	21	22	GPIO.6	25
11	SCLK	23	24	CE0	8
	GND	25	26	CE1	7
0	SDA.0	27	28	SCL.0	1
5	GPIO.21	29	30	GND	
6	GPIO.22	31	32	GPIO.26	12
13	GPIO.23	33	34	GND	
19	GPIO.24	35	36	GPIO.27	16
26	GPIO.25	37	38	GPIO.28	20
	GND	39	40	GPIO.29	21

图 3-1　树莓派 GPIO 引脚

5V、3.3V 以及接地引脚以外，还具有 I²C、SPI 和 UART 接口等双重功能。需要说明的是，电源和接地引脚可用于给外部模块或元器件供电，但过大的工作电流或峰值电压可能会损坏树莓派。

GPIO 接口有以下两种常用的编码方式：

（1）BOARD 编码，按照树莓派主板上引脚的物理位置进行编号，分别对应 1~40 号引脚。

（2）BCM 编码，属于更底层的工作方式，它和 Broadcom 片上系统中信道编号相对应，在使用引脚时需要查找信道编号和物理引脚编号的对应关系。

树莓派操作系统里包含了 RPi.GPIO 库，使用该库可以指定 GPIO 接口的编码方式，代码如下：

```
import RPi.GPIO as GPIO              # 导入 RPi.GPIO 模块

GPIO.setmode(GPIO.BCM)                # 引脚采用 BCM 编码方式
GPIO.setmode(GPIO.BOARD)              # 引脚采用 BOARD 编码方式
```

使用 RPi.GPIO 库也可以轻松实现对 GPIO 引脚功能的设置，例如，

```
import RPi.GPIO as GPIO

GPIO.setmode(GPIO.BOARD)
GPIO.setup(11, GPIO.IN)                              # 将引脚 11 设置为输入模式
GPIO.input(11)                                       # 读取输入引脚的值
GPIO.setup(12, GPIO.OUT)                             # 将引脚 12 设置为输出模式

# 可以通过软件实现输入引脚的上拉/下拉
GPIO.setup(11, GPIO.IN, pull_up_down = GPIO.PUD_UP)   # 输入引脚 11 上拉
GPIO.setup(11, GPIO.IN, pull_up_down = GPIO.PUD_DOWN) # 输入引脚 11 下拉
'''也可以设置输出引脚的初始状态，输出引脚 12 的初始状态为高电平，状态可以表示为
0/GPIO.LOW/False 或者 1/GPIO.HIGH/True'''
GPIO.setup(12, GPIO.OUT, initial = GPIO.HIGH)
```

程序运行结束后，需要释放硬件资源，同时避免因意外损坏树莓派。使用 GPIO.cleanup() 会释放使用的 GPIO 引脚，并清除设置的引脚编码方式。

3.2 GPS 定位

3.2.1 树莓派串口配置

树莓派 3B/3B+ 提供了两类串口，即硬件串口(/dev/ttyAMA0)和 mini 串口(/dev/ttyS0)。硬件串口由硬件实现，有单独的时钟源，性能高、工作可靠；而 mini 串口性能低，功

串口配置与
GPS 模块
编程

能简单,波特率受到内核时钟的影响。树莓派 3B/3B+新增了板载蓝牙模块,硬件串口被默认分配给与蓝牙模块通信,而把由内核提供时钟参考源的 mini 串口分配给了 GPIO 接口中的 TXD 和 RXD 引脚。在终端输入 **ls -l /dev**,查看当前的串口映射关系,如图 3-2 所示,UART 接口映射的串口 serial0 默认是 mini 串口。

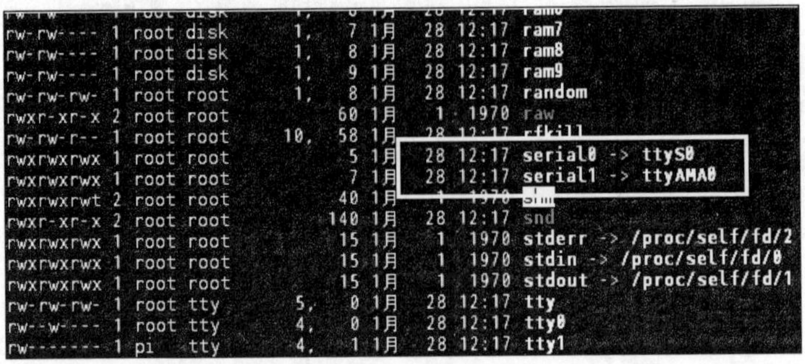

图 3-2　树莓派默认串口映射关系

由于 mini 串口速率不稳定,通过 UART 接口外接模块时可能会出现无法正常工作的情况。为了通过 GPIO 使用高性能的硬件串口,需要将树莓派 3B/3B+的蓝牙模块切换到 mini 串口,并将硬件串口恢复到 GPIO 引脚中,步骤如下:

(1) 终端输入 **sudo raspi-config**,如图 3-3 所示,依次选择 Interfacing Options→Serial 选项,回车后选择"否",禁用串口的控制台功能(树莓派 GPIO 引出的串口默认用来做控制台使用,需要禁用该功能,使得串口可以自由使用),随后选择"是",使能树莓派串口,如图 3-4 所示。

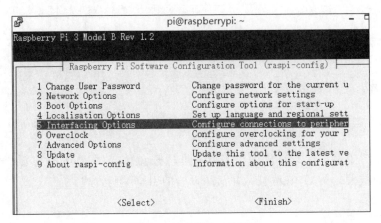

图 3-3　树莓派串口配置

(2) 终端输入 **sudo nano /boot/config.txt** 打开配置文件,在文件最后一行添加"dtoverlay=pi3-disable-bt"释放蓝牙占用的串口,保存后退出,重启树莓派使上述修改生效。

(3) 在终端输入 **ls -l /dev** 再次查看当前的串口映射关系,如图 3-5 所示,树莓派已经恢复了硬件串口与 GPIO 的映射关系。

pi@raspberrypi: ~
文件(F) 编辑(E) 标签(T) 帮助(H)
The serial login shell is disabled
The serial interface is enabled

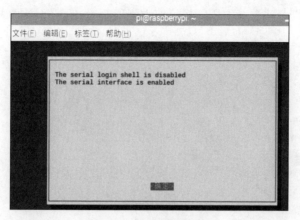

图 3-4　使能树莓派串口

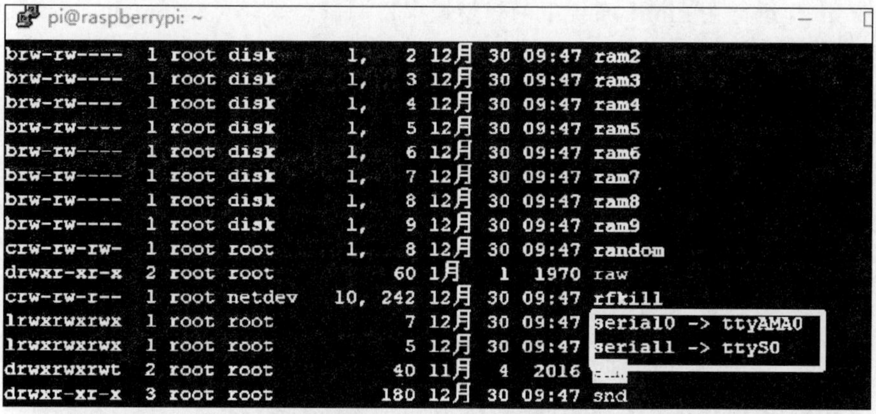
pi@raspberrypi: ~
brw-rw---- 1 root disk 1, 2 12月 30 09:47 ram2
brw-rw---- 1 root disk 1, 3 12月 30 09:47 ram3
brw-rw---- 1 root disk 1, 4 12月 30 09:47 ram4
brw-rw---- 1 root disk 1, 5 12月 30 09:47 ram5
brw-rw---- 1 root disk 1, 6 12月 30 09:47 ram6
brw-rw---- 1 root disk 1, 7 12月 30 09:47 ram7
brw-rw---- 1 root disk 1, 8 12月 30 09:47 ram8
brw-rw---- 1 root disk 1, 9 12月 30 09:47 ram9
crw-rw-rw- 1 root root 1, 8 12月 30 09:47 random
drwxr-xr-x 2 root root 60 1月 1 1970 raw
crw-rw-r-- 1 root netdev 10, 242 12月 30 09:47 rfkill
lrwxrwxrwx 1 root root 7 12月 30 09:47 serial0 -> ttyAMA0
lrwxrwxrwx 1 root root 5 12月 30 09:47 serial1 -> ttyS0
drwxrwxrwt 2 root root 40 11月 4 2016
drwxr-xr-x 3 root root 180 12月 30 09:47 snd

图 3-5　恢复硬件串口与 GPIO 的映射关系

注意：禁用串口的控制台功能也可以通过编辑 cmdline.txt 文件来实现。输入 sudo nano /boot/cmdline.txt 打开文件，将/dev/ttyAMA0 有关的配置去掉，例如，原 cmdline.txt 的内容为：dwc_otg.lpm_enable=0 console= ttyAMA0,115200 console=tty1 root=…，只需将其中的“console= ttyAMA0,115200”删掉即可。

3.2.2　GPS 模块接口与编程

选用的 GPS 模块型号为 ATGM336H，它基于中科微低功耗 GNSS SOC 芯片 AT6558，支持 GPS/BDS/GLONASS 卫星导航系统，具有高灵敏度、低功耗、低成本的特点。该模块供电电压为 3.3～5V，采用 IPX 陶瓷有源天线，定位精度 2.5m，冷启动捕获灵敏度为−148dBm，跟踪灵敏度为−162dBm，工作电流小于 25mA，通信方式为串口通信，波特率默认为 9600bps。GPS 模块及其与树莓派的引脚连接如图 3-6 所示，4 个引脚 VCC、

GND、TX 和 RX 分别与树莓派 GPIO 接口的 1 脚(3.3V)、6 脚(GND)、10 脚(RXD)和 8 脚(TXD)相连。

图 3-6　树莓派连接 GPS 模块

minicom 是运行在 Linux 系统下的轻量级串口调试工具，类似 Windows 系统中的串口调试助手，在命令行输入 **sudo apt-get install minicom** 即可完成安装。将 GPS 模块与树莓派连接好后，在终端输入 **minicom -b 9600 -D /dev/ttyAMA0** 打开 minicom 获取串口数据，其中-b 设定波特率，视模块参数而定；-D 指定的是接口。随后可以看到树莓派通过串口接收到 GPS 模块的定位数据，如图 3-7 所示。测试时需将 GPS 模块置于室外或者窗户边，有利于 GPS 搜星与定位。

图 3-7　串口读取 GPS 模块的数据

GPS 模块按照 NMEA-0183 协议格式输出数据，包括 GPS 定位信息(GGA)、当前卫星信息(GSA)、可见卫星信息(GSV)、推荐定位信息(RMC)和地面速度信息(VTG)等内容。通常根据推荐定位信息($GNRMC 开头的数据行)来获取有用数据，$GNRMC 语句的基本格式与数据详解如图 3-8 所示。

以图 3-7 中标记的 $GNRMC 语句为例，选用其中<1><3><4><5><6><9>这 6 个数据项就可以得到时间和经纬度信息。从<9>和<1>可知，当前的时间是 2021 年 3 月 6 日 10 时 28 分 32 秒；<3>和<4>表明当前位置是北纬 30 度 31.5378 分，即北纬 30.525630 度(31.5378 分/60 可以转化为度)；类似地，<5>和<6>表明当前位置是东经 114 度 23.5745 分，即东经 114.392908 度(23.5745 分/60 转化为度)。为了从 GPS 原始数据中解析出时间

$GPRMC,<1>,<2>,<3>,<4>,<5>,<6>,<7>,<8>,<9>,<10>,<11>,<12>*hh
<1> UTC 时间,hhmmss.sss(时分秒)格式
<2> 定位状态,A=有效定位,V=无效定位
<3> 纬度 ddmm.mmmm(度分)格式
<4> 纬度半球 N(北半球)或 S(南半球)
<5> 经度 dddmm.mmmm(度分)格式,其中的分/60 可以转化为度
<6> 经度半球 E(东经)或 W(西经)
<7> 地面速率(000.0~999.9 节,前面的 0 也将被传输)
<8> 地面航向(000.0~359.9 度,以真北为参考基准)
<9> UTC 日期,ddmmyy(日月年)格式
<10> 磁偏角(000.0~180.0 度,前面的 0 也将被传输)
<11> 磁偏角方向,E(东)或 W(西)
<12> 模式指示(A=自主定位,D=差分,E=估算,N=数据无效),后面的 * hh 表示校验值

图 3-8 $GNRMC 语句的基本格式与数据详解

与位置信息,新建 gps_test.py 脚本文件,输入以下代码:

```python
import serial  #导入串口库,以便通过串口访问 GPS 模块
import time

ser = serial.Serial("/dev/ttyAMA0",9600)  #使用/dev/ttyAMA0 建立串口,波特率 9600

def GPS():
    str_gps = ser.read(1200)  #从串口读取 1200 字节数据,包括完整的 GPS 数据集合
    #转换成 UTF-8 编码输出,避免乱码
    str_gps = str_gps.decode(encoding = 'utf-8', errors = 'ignore')
    pos1 = str_gps.find("$GNRMC")  #找到 $GNRMC 字符串首次出现的位置
    pos2 = str_gps.find("\n",pos1)  #找到 $GNRMC 行的结尾处
    loc = str_gps[pos1:pos2]        #提取完整的 $GNRMC 行数据
    data = loc.split(",")           #以逗号为分隔符,将 $GNRMC 行进行分割,分解到 data 列表中

    if data[2] == 'V':  #GPS 数据无效
        print("No location found")
    else:
        position_lat = float(data[3][0:2]) + float(data[3][2:9]) / 60.0  #计算纬度
        position_lng = float(data[5][0:3]) + float(data[5][3:10]) / 60.0  #计算经度
        time = data[1]
        time_h = int(time[0:2]) + 8  #调整为北京时间,北京时间 = UTC + 时区差 8
        time_m = int(time[2:4])
        time_s = int(time[4:6])
        print("纬度: %f %s" % (position_lat, data[4]))
        print("经度: %f %s" % (position_lng, data[6]))
        print("时间: %d h %d m %d s\n" % (time_h, time_m, time_s))
        #返回的经纬度只取小数点后面 6 位
```

```
            return [round(position_lng,6), data[6],round(position_lat,6), data[4]]

if __name__ == "__main__":
    try:
        while True:
            GPS()
            time.sleep(5)
    except KeyboardInterrupt:      # 按 Ctrl+C 组合键退出
        ser.close()                # 释放串口
```

此外,还可以通过第三方库访问 GPS。首先,运行命令 **sudo apt-get install gpsd gpsd-clients** 安装 gpsd 软件。接着输入 **sudo gpsd /dev/ttyAMA0 -F /var/run/gpsd.sock** 运行 gpsd 软件,该命令会开启一个后台程序并由它负责与 GPS 模块通信。然后输入命令 **cgps** 开启 GPS 客户端,显示 gpsd 接收的数据信息,如图 3-9 所示。如果运行软件时客户端一直没有数据显示或出现超时错误,则可以使用命令 **sudo systemctl stop gpsd.socket** 以及 **sudo systemctl disable gpsd.socket** 禁用 gpsd 系统服务,再执行命令 **sudo killall gpsd** 结束 gpsd 进程并通过命令 **sudo gpsd /dev/ttyAMA0 -F /var/run/gpsd.sock** 重启 gpsd 软件。

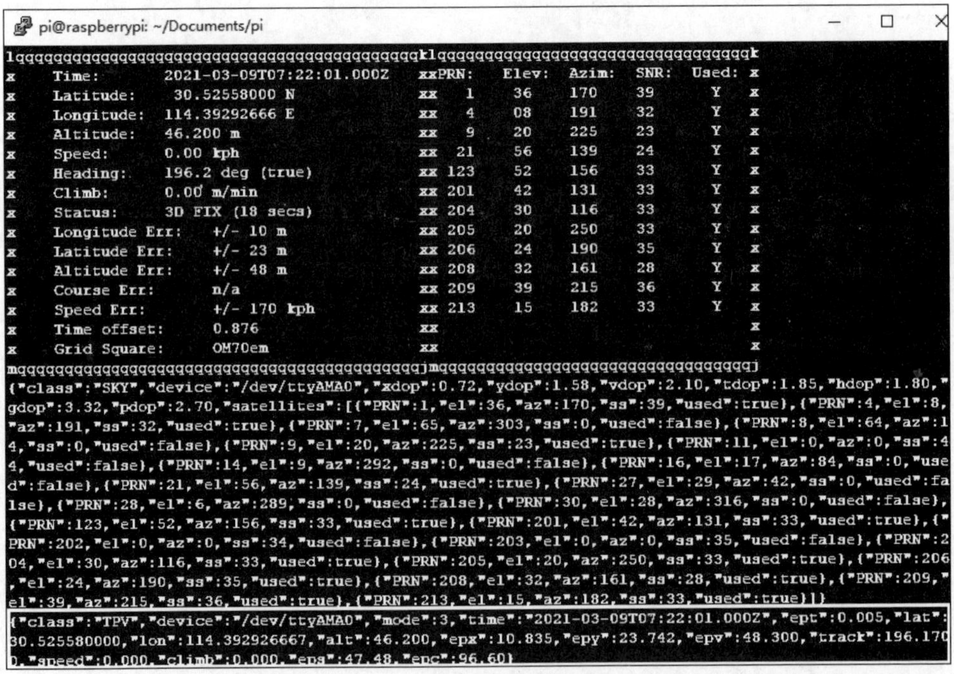

图 3-9 客户端窗口显示数据信息

图 3-8 中的标注框中包含了经纬度、海拔、航向等信息,借助 gps3 库可以解析并获取这些数据。运行 **sudo pip3 install gps3** 命令安装 gps3 库(负责提供 gpsd 接口,默认为 host='127.0.0.1',port=2947),新建 Python 脚本 gps_test2.py,输入以下代码:

```python
from gps3 import gps3                          # 用来访问 gpsd
import time

def GPS3():
    gps_socket = gps3.GPSDSocket()             # 创建 gpsd 套接字连接并请求 gpsd 输出
    data_stream = gps3.DataStream()            # 将流式 gpsd 数据解压到字典中
    gps_socket.connect()                       # 建立连接
    gps_socket.watch()                         # 寻找新的 GPS 数据
    for new_data in gps_socket:
        if new_data:                           # 数据非空
            data_stream.unpack(new_data)       # 将字节流转换成数据
            if not (isinstance(data_stream.TPV['alt'],str)|
                    isinstance(data_stream.TPV['lat'],str)|
                    isinstance(data_stream.TPV['lon'],str)|
                    isinstance(data_stream.TPV['track'],str)):   # 防止出现 n/a
                return [data_stream.TPV['alt'],data_stream.TPV['lat'],
                        data_stream.TPV['lon'],data_stream.TPV['track']]

if __name__ == "__main__":
    altitude,latitude,longitude,heading = GPS3()   # 提取海拔、纬度、经度和航向
    print('海拔：', altitude)                      # 输出结果
    print('纬度：', latitude)
    print('经度：', longitude)
    print('航向：', heading)
```

3.2.3 百度地图 GPS 定位

通过百度地图拾取坐标系统（http://api.map.baidu.com/lbsapi/getpoint/index.html）坐标反查发现，GPS 模块获取的数据在地图上显示的位置与实际位置有较大偏差，如图 3-10(a)所示。主要原因是坐标系之间不兼容，GPS 坐标遵循 WGS-84 标准，而百度对外接口的坐标系并不是 GPS 采集的经纬度。为了在百度地图上精准定位，需要对 GPS 坐标进行转换。具体过程是：先将 WGS-84 标准转换为 GCJ-02 标准（国内 Google、高德以及腾讯地图遵循该标准），再进行 BD-09 标准加密转换为百度地图坐标系。新建名为 gps_transform.py 的文件，输入如下代码：

```
import math

pi = 3.14159265358979324
a = 6378245.0                           # 长半轴
ee = 0.00669342162296594323             # 偏心率平方
```

```python
    x_pi = 3.14159265358979324 * 3000.0 / 180.0

def transformlat(lng, lat):
    ret = -100.0 + 2.0 * lng + 3.0 * lat + 0.2 * lat * lat + 0.1 * lng * lat + \
          0.2 * math.sqrt(math.fabs(lng))
    ret += (20.0 * math.sin(6.0 * lng * pi) + 20.0 * math.sin(2.0 * lng * pi)) * 2.0 / 3.0
    ret += (20.0 * math.sin(lat * pi) + 40.0 * math.sin(lat / 3.0 * pi)) * 2.0 / 3.0
    ret += (160.0 * math.sin(lat / 12.0 * pi) + 320 * math.sin(lat * pi / 30.0)) * 2.0 / 3.0
    return ret

def transformlng(lng, lat):
    ret = 300.0 + lng + 2.0 * lat + 0.1 * lng * lng + 0.1 * lng * lat + \
          0.1 * math.sqrt(math.fabs(lng))
    ret += (20.0 * math.sin(6.0 * lng * pi) + 20.0 * math.sin(2.0 * lng * pi)) * 2.0 / 3.0
    ret += (20.0 * math.sin(lng * pi) + 40.0 * math.sin(lng / 3.0 * pi)) * 2.0 / 3.0
    ret += (150.0 * math.sin(lng / 12.0 * pi) + 300.0 * math.sin(lng / 30.0 * pi)) * 2.0 / 3.0
    return ret

def wgs84_to_gcj02(lng, lat):
    dlat = transformlat(lng - 105.0, lat - 35.0)
    dlng = transformlng(lng - 105.0, lat - 35.0)
    radlat = lat / 180.0 * pi
    magic = math.sin(radlat)
    magic = 1 - ee * magic * magic
    sqrtmagic = math.sqrt(magic)
    dlat = (dlat * 180.0) / ((a * (1 - ee)) / (magic * sqrtmagic) * pi)
    dlng = (dlng * 180.0) / (a / sqrtmagic * math.cos(radlat) * pi)
    mglat = lat + dlat
    mglng = lng + dlng
    return [mglng, mglat]

def gcj02_to_bd09(lng, lat):
    z = math.sqrt(lng * lng + lat * lat) + 0.00002 * math.sin(lat * x_pi)
    theta = math.atan2(lat, lng) + 0.000003 * math.cos(lng * x_pi)
    bd_lng = z * math.cos(theta) + 0.0065
    bd_lat = z * math.sin(theta) + 0.006
    return [bd_lng, bd_lat]
```

修改gps_test.py代码,调用wgs84_to_gcj02()和gcj02_to_bd09()两个转换函数对读取到的经纬度数据进行处理,另存为gps.py。运行该脚本,将得到的经纬度再次通过百度地图拾取坐标系统坐标反查,就能够准确定位到真实位置,结果如图3-10(b)所示。

(a) 未进行坐标转换的结果　　　　　　(b) 坐标转换后的结果

图 3-10　百度地图 GPS 定位

3.3　烟雾/可燃气体检测

MQ-2 属于二氧化锡半导体气敏材料,适用于可燃性气体、酒精、烟雾等的探测。MQ-2 传感器模块如图 3-11 所示,4 个接口从上到下分别为 VCC、GND、DO 和 AO(具有 TTL 电平输出和模拟量输出),烟雾/可燃气体浓度越大,输出的模拟信号越大;输入电压为 5V,AO 输出 0.1～0.3V 相对无污染,最高浓度电压 4V 左右;使用前必须预热 20s 左右,使测量的数据稳定,使用中传感器发热属于正常现象。

图 3-11　MQ-2 气敏传感器模块

为了获取浓度,树莓派需要外接模数转换器读取 MQ-2 模块 AO 引脚的输出值,这里选用模数转换芯片 MCP3002,如图 3-12 所示。该芯片是双通道 10 位 A/D 转换器,采用 2.7～5.5V 电源和参考电压输入,通过 SPI 串行总线与树莓派 GPIO 接口直接相连。具体的电路

图 3-12　A/D 转换器 MCP3002

连接如下，MCP3002 的 VDD/VREF 和 VSS 分别连接树莓派的 17 脚（3.3V）和 9 脚（GND），DIN、DOUT、CLK 和 $\overline{CS}$/SHDN 引脚分别连接树莓派 GPIO 接口的 19 脚（MOSI）、21 脚（MISO）、23 脚（SCLK）和 24 脚（CE0）；MQ-2 传感器的 VCC 连接树莓派 GPIO 接口的 2 脚（5V），GND 连接 MCP3002 的 VSS，A0 引脚通过 330Ω 和 470Ω 电阻串联分压后连到 MCP3002 的 CH0 引脚（保证输入的模拟电压不超过 3.3V）。

为了访问 MCP3002，先要启动树莓派的 SPI 硬件接口。操作过程如下：在终端输入 **sudo raspi-config** 进入配置界面，依次选择 Interfacing Options → SPI 选项，使能 SPI 接口。通过 **ls -l /dev** 命令可以看到两个 SPI 设备（spidev0.0 和 spidev0.1），GPIO 引脚 CE0 和 CE1 分别对应 spidev0.0 和 spidev0.1。MCP3002 使用 SPI 通信协议，可以使用 spidev 库来驱动 SPI 接口，简化程序设计。新建名为 mcp3002.py 的 Python 脚本，开启 SPI 总线设备并通过其获取 MQ-2 模块 A0 引脚输出的电压值，代码如下：

```python
import spidev                                    # 导入 spidev 库
import time

def read_Analog(channel):
    spi = spidev.SpiDev()                        # 创建 SPI 总线设备对象
    spi.open(0, 0)                               # 打开 SPI 总线设备,此处设备为/dev/spidev0.0
    spi.max_speed_hz = 15200                     # 设置最大总线速度
    reply = spi.xfer2([(((6 + channel)<< 1 ) + 1 )<< 3, 0])
                                                 # 向 spi 设备发送命令,见数据手册
    adc_out = ((reply[0]& 3) << 8) + reply[1]    # 读取 10 位转换数据
    value = adc_out * 3.3/1024                   # 转化为电压值
    value = value/4.7 * (3.3 + 4.7)              # 将串联分压折算为 MQ-2 的输出电压
    return value

if __name__ == "__main__":
    try:
        while True:
            value = read_Analog(0)               # 读取 A/D 转换结果
            print("A0_voltage = %f" % value)
            time.sleep(5)
    except KeyboardInterrupt:
        spi.close()                              # 中断退出关闭 SPI 设备
```

在终端输入 **python3 mcp3002.py** 运行程序，将点燃的蚊香靠近 MQ-2 传感器并不断吹气，测试结果如图 3-13 所示。

注意：spi.open(bus,device) 用于开启 SPI 总线设备，bus 和 device 分别对应设备/dev/spidev0.0（或者 spidev0.1）后面的两个数字。此外，树莓派 SPI 接口默认的最大总线速度是 125.0MHz(spi.max_speed_hz = 125000000)，工作时应根据需要设置为合适的值，否则有可能会读不到正确的数据。

图 3-13　气敏传感器模块测试结果

3.4　温湿度检测

DHT11 是一款含有已校准数字信号输出的温湿度传感器。如图 3-14 所示，该传感器模块体积小、功耗低，采用单线制串行接口，3 个接口分别为 VCC、OUT 和 GND。其主要参数特性包括：供电电压为 3.3～5.5V，相对湿度测量范围为 20%～95%（测量误差 ±5%），温度测量范围为 0～50℃（测量误差 ±2℃）。DHT11 与树莓派接口简单，VCC 和 GND 分别连接树莓派 GPIO 的 17 脚(3.3V)、20 脚(GND)，OUT 连接 GPIO 的 18 引脚。

DHT11 遵循单总线通信协议，对时序有较为严格的要求。一次完整的工作流程如下：首先树莓派发送开始信号，将总线由高电平拉低，时长至少需要 18ms，以保证被 DHT11 检测到。待开始信号结束后，树莓派释放总线，总线从输出模式变为输入模式，保持高电平延时等待 20～40μs 后，DHT11 发送 80μs 低电平响应信号，紧接着输出 80μs 的高电平通知树莓派准备接收数据。DHT11 一次传送 40b 的数据（高位先出），1b 数据都以 50μs 低电平时隙开始，电平的长短决定了数据位是 0 还是 1。具体来说，数据位 0 的格式是 50μs 的低电平和 26～28μs 的高电平；数据位 1 的格式是 50μs 的低电平和 70μs 的高电平。

图 3-14　数字温湿度传感器 DHT11

40b 数据格式为：8b 湿度整数数据＋8b 湿度小数数据＋8b 温度整数数据＋8b 温度小数数据＋8b 校验和。数据传送正确时校验和等于前面 4 个 8b 数据之和。如果数据接收不正确，则放弃本次数据，重新接收。

编写树莓派读取 DHT11 温湿度数据的代码时，有两点需要说明：一是传感器上电后，要等待 1s 以越过不稳定状态；二是树莓派的实时性较弱，不像单片机那样严格可控，在读取 DHT11 的数据脉冲时要注意控制时序，否则可能无法正确读取到数据。新建 dht11.py 脚本，输入以下代码：

```
import RPi.GPIO as GPIO
import time
```

```python
def init():
    GPIO.setmode(GPIO.BOARD)
    time.sleep(1)                                          # 时延 1s,越过不稳定状态

def get_readings(ch):                                      # ch:DHT11 数据引脚
    data = []                                              # 存储温湿度值
    j = 0                                                  # 数据位计数器
    OUT = ch
    GPIO.setup(OUT , GPIO.OUT)                             # 设置引脚为输出
    GPIO.output(OUT, GPIO.LOW)                             # 发送开始信号,将总线由高拉低
    time.sleep(0.02)                                       # 时长需要超过 18ms
    GPIO.output(OUT, GPIO.HIGH)                            # 释放总线,变为高电平
    GPIO.setup(OUT, GPIO.IN, pull_up_down = GPIO.PUD_UP)   # 设置引脚为输入,上拉
    while GPIO.input(OUT) == GPIO.LOW:                     # 等待 DHT11 发送的低电平响应信号
        continue
    while GPIO.input(OUT) == GPIO.HIGH:                    # 等待 DHT11 拉高总线结束
        continue
    while j < 40:                                          # 开始接收 40bit 数据
        k = 0                                              # 通过计数的方式判断数据位高电平的时间
        while GPIO.input(OUT) == GPIO.LOW:
            continue
        while GPIO.input(OUT) == GPIO.HIGH:
            k += 1
            if k > 100:                                    # 数据线为高时间过长,放弃本次数据
                break
        if k < 8:                                          # 数据位为 0
            data.append(0)
        else:                                              # 数据位为 1
            data.append(1)
        j += 1
    return data

def data_check(data):
    humidity_bit = data[0:8]                               # 湿度整数
    humidity_point_bit = data[8:16]                        # 湿度小数
    temperature_bit = data[16:24]                          # 温度整数
    temperature_point_bit = data[24:32]                    # 温度小数
    check_bit = data[32:40]                                # 检验位
    humidity = 0
    humidity_point = 0
    temperature = 0
    temperature_point = 0
    check = 0

    for i in range(8):
        humidity += humidity_bit[i] * 2 ** (7 - i)         # 转换成十进制数据
```

```
            humidity_point += humidity_point_bit[i] * 2 ** (7-i)
            temperature += temperature_bit[i] * 2 ** (7-i)
            temperature_point += temperature_point_bit[i] * 2 ** (7-i)
            check += check_bit[i] * 2 ** (7-i)

    return [humidity, humidity_point, temperature, temperature_point, check]

if __name__ == "__main__":
    init()
    while True:
        dat = get_readings(18)
        humidity, humidity_point, temperature, temperature_point, check = data_check(dat)
        tmp = humidity + humidity_point + temperature + temperature_point
        if check == tmp:                  # 数据校验
            T_value = str(temperature) + "." + str(temperature_point) # 温度的整数与小数结合
            H_value = str(humidity) + "." + str(humidity_point)    # 湿度的整数与小数结合
            print ("temperature :", T_value, " * C, humidity :", H_value, " % ")
            time.sleep(5)
```

在树莓派终端输入 **python3 dht11.py** 运行程序，可以得到从 DHT11 读取的温湿度数据，结果如图 3-15 所示。

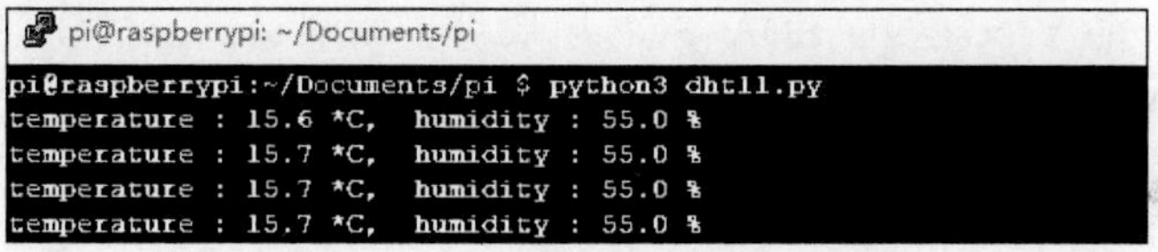

图 3-15 温湿度传感器测试结果

3.5 大气压检测

BMP180 是一款性能优越的数字气压传感器，具有高精度、体积小和超低能耗的特点。该模块采用 I^2C 接口，如图 3-16 所示，4 个引脚分别是 VIN、GND、SCL 和 SDA。其主要特点如下：与 BMP085 兼容，电源电压 1.8～3.6V(VIN 需 5V 供电，该模块上带有电源转换芯片，可将 5V 转化为 3.3V)，低功耗(标准模式下电流仅为 5μA)，压力范围为 300～1100hPa(海拔 9000m～－500m)，低功耗模式下分辨率为 0.06hPa(0.5m)。

除了测量大气压力，BMP180 还能测量温度，同时还可以根据式(3-1)推测出当前海拔高度。

$$altitude = 44330 \times \left(1 - \left(\frac{p}{p_0}\right)^{1/5.255}\right) \quad (3-1)$$

式中，p 为测得的大气压值，p_0 是海平面大气压力，默认值取 1013.25hPa。

为了通过 GPIO 接口访问外接 I^2C 设备，要先启动树莓派的 I^2C 硬件接口。输入 **sudo**

图 3-16 数字气压传感器 BMP180

raspi-config 打开配置界面，依次选择 Interfacing Options →I2C 选项，使能 I^2C 接口。通过 **ls -l /dev** 命令可以查看到 I^2C 设备 i2c-1。使用 smbus 库对 I^2C 设备进行读写操作，可以避免编写烦琐的 I^2C 时序，简化程序设计。另外，使用 i2cdetect 工具可以查看连接到树莓派上的 I^2C 设备，这二者的安装命令分别为 **sudo apt-get install python-smbus** 和 **sudo apt-get install i2c-tools**。

树莓派 3 脚和 5 脚分别预设为 I^2C 总线的数据信号 SDA 和时钟信号 SCL，能够与外接 I^2C 设备进行通信。I^2C 总线可以同时连接多个 I^2C 设备，每个设备都有一个唯一的 7 位地址。树莓派与某个特定 I^2C 设备通信时是通过地址进行区分的，只有被呼叫的设备会做出响应。将 BMP180 的 VIN、GND、SDA、SCL 引脚分别与树莓派 GPIO 的 4 脚(5V)、14 脚(GND)、3 脚(SDA)和 5 脚(SCL)连接。当 BMP180 连接好后，输入命令 **i2cdetect -y 1**，可以看到 BMP180 的设备地址为 0x77，如图 3-17 所示。

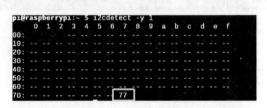

图 3-17 i2cdetect 查看已连接的 I^2C 设备

BMP180 的工作流程大致如下：首先读取相关寄存器获得校准数据，然后分别对相应寄存器进行读写，获取原始温度和气压数据；接下来通过前面得到的校准数据和原始数据计算出实际的温度和气压值；最后再根据气压值推测出海拔高度。读者可自行查看数据手册了解 BMP180 的工作模式、寄存器设置以及具体计算公式等内容。下面编写测试程序，创建名为 bmp180.py 的脚本，输入以下内容：

```
import time
import smbus                              # 导入 smbus 库实现树莓派和 BMP180 的 I2C 通信

class BMP180():                           # 定义 BMP180 类
```

```python
    def __init__(self, address = 0x77, mode = 1):      # 默认 OSS = 1(标准模式),设备地址 0x77
        self._mode = mode                              # 单下画线开头的表示伪私有变量
        self._address = address
        self._bus = smbus.SMBus(1)                     # 创建 smbus 实例,1 代表/dev/i2c-1

    def read_u16(self, cmd):                           # 读 16 位无符号数据
        MSB = self._bus.read_byte_data(self._address, cmd)
        LSB = self._bus.read_byte_data(self._address, cmd + 1)
        return (MSB << 8) + LSB

    def read_s16(self, cmd):                           # 读 16 位有符号数据
        result = self.read_u16(cmd)
        if result > 32767:
            result -= 65536
        return result

    def write_byte(self, cmd, val):
        self._bus.write_byte_data(self._address, cmd, val)   # I2C 总线写字节操作

    def read_byte(self, cmd):
        return self._bus.read_byte_data(self._address, cmd)  # I2C 总线读字节操作

    def read_Calibration(self):                        # 从 22 个寄存器读取校准数据
        caldata = []
        caldata.append(self.read_s16(0xAA))
        caldata.append(self.read_s16(0xAC))
        caldata.append(self.read_s16(0xAE))
        caldata.append(self.read_u16(0xB0))
        caldata.append(self.read_u16(0xB2))
        caldata.append(self.read_u16(0xB4))
        caldata.append(self.read_s16(0xB6))
        caldata.append(self.read_s16(0xB8))
        caldata.append(self.read_s16(0xBA))
        caldata.append(self.read_s16(0xBC))
        caldata.append(self.read_s16(0xBE))
        return caldata

    def read_rawTemperature(self):                     # 读取原始温度数据
        self.write_byte(0xF4, 0x2E)                    # 向控制寄存器 0xF4 发送读取温度命令 0x2E
        time.sleep(0.005)                              # 等待测量完毕,延时至少 4.5ms
        rawTemp = self.read_u16(0xF6)
        return rawTemp

    def read_rawPressure(self):                        # 读取原始气压数据
        self.write_byte(0xF4, 0x34 + (self._mode << 6))
        time.sleep(0.008)                              # OSS = 1,延时不少于 7.5ms
```

```python
        MSB = self.read_byte(0xF6)
        LSB = self.read_byte(0xF7)
        XLSB = self.read_byte(0xF8)
        rawPressure = ((MSB << 16) + (LSB << 8) + XLSB) >> (8 - self._mode)
        return rawPressure

    def read_Temperature(self,caldata):          #计算实际温度值,公式参见数据手册
        UT = self.read_rawTemperature()
        X1 = ((UT - caldata[5]) * caldata[4]) >> 15
        X2 = (caldata[9] << 11) / (X1 + caldata[10])
        B5 = X1 + X2
        temp = (B5 + 8) / 16
        return temp / 10.0

    def read_Pressure(self,caldata):             #计算实际气压值,公式参见数据手册
        UT = self.read_rawTemperature()
        UP = self.read_rawPressure()
        X1 = ((UT - caldata[5]) * caldata[4]) >> 15
        X2 = (caldata[9] << 11) / (X1 + caldata[10])
        B5 = X1 + X2
        B6 = B5 - 4000
        X1 = (caldata[7] * (B6 * B6) / 2 ** 12) / 2 ** 11
        X2 = (caldata[1] * B6) / 2 ** 11
        X3 = X1 + X2
        B3 = (((int(caldata[0] * 4 + X3)) << self._mode) + 2) / 4
        X1 = (caldata[2] * B6) / 2 ** 13
        X2 = (caldata[6] * (B6 * B6) / 2 ** 12) / 2 ** 16
        X3 = ((X1 + X2) + 2) / 2 ** 2
        B4 = (caldata[3] * (X3 + 32768)) / 2 ** 15
        B7 = (UP - B3) * (50000 >> self._mode)
        if B7 < 0x80000000:
            p = (B7 * 2) / B4
        else:
            p = (B7 / B4) * 2
        X1 = (p / 2 ** 8) * (p / 2 ** 8)
        X1 = (X1 * 3038) / 2 ** 16
        X2 = (-7357 * p) / 2 ** 16
        p = p + ((X1 + X2 + 3791) / 2 ** 4)
        return p / 100.0

    def read_Altitude(self,sealevel_hpa,pressure):  #sealevel_hpa是海平面大气压
        altitude = 44330 * (1.0 - pow(pressure / sealevel_hpa, (1.0/5.255)))
        return altitude
```

```
def read_BMP180_data():
    bmp = BMP180()                                              #创建BMP180实例
    while True:
        caldata = bmp.read_Calibration()
        temp = bmp.read_Temperature(caldata)
        pressure = bmp.read_Pressure(caldata)
        altitude = bmp.read_Altitude(1013.25, pressure)         # sealevel_hpa =
1013.25hPa
        print("Altitude : %.2f m" % altitude)
        print("Pressure : %.2f hPa" % pressure)
        print("Temperature : %.2f C\n" % temp)
        time.sleep(5)

if __name__ == '__main__':
    read_BMP180_data()
```

运行上面的程序可以发现,计算出来的海拔高度为负数,这与所在地区的真实海拔明显不一致。其原因是式(3-1)中 p_0 的默认值是 0℃ 时的海平面大气压值,需要根据实际情况进行校正。这里的做法是,在不同楼层通过树莓派读取 BMP180 输出的大气压值 p,同时用智能手机内置的指南针工具获取对应的海拔高度,按式(3-2)反向计算当前的 p_0,然后再将 p_0 代入式(3-1)即可计算出比较精准的海拔高度。

$$p_0 = p \bigg/ \left(1 - \frac{\text{altitude}}{44330}\right)^{5.255} \tag{3-2}$$

如表 3-1 所示,根据当前环境下 8 个楼层测得的大气压值和对应的海拔高度,计算出的 p_0 值比较稳定(平均值 1023.66hPa)。由于 p_0 的值会随着温度改变发生变化,所以实际应用时需要进行修正。将 bmp180.py 脚本中 sealevel_hpa 的值替换为 1023.66,再次运行程序,可得到准确的海拔高度,结果如图 3-18 所示。

表 3-1 不同楼层大气压与海拔测量值的对应关系

楼层	大气压测量值/hPa	海拔高度/m	p_0 计算值/hPa
1	1021.96	15	1023.78
2	1021.26	20	1023.68
3	1020.73	24	1023.64
4	1020.24	28	1023.63
5	1019.87	32	1023.75
6	1019.35	36	1023.71
7	1018.85	39	1023.57
8	1018.16	44	1023.49

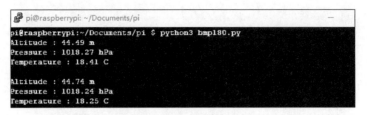

图 3-18 BMP180 测试结果

3.6 空气质量检测

空气质量检测采用集 CO_2、PM2.5、PM10、温湿度、总挥发性有机物（TVOC）及甲醛（CH_2O）于一体的综合型传感器模块，如图 3-19 所示。该模块供电电压 5V，工作温度为 0~50℃，采用串口通信协议，波特率默认为 9600bps，数据传输周期默认为 1s（可通过指令修改）。每次传输的数据共 19 字节，格式为：报文头（0x01）+功能码（0x03）+数据长度（0x0E）+7 个双字节数据（CO_2、TVOC、CH_2O、PM2.5、湿度、温度、PM10）+2 字节的 CRC16 校验。

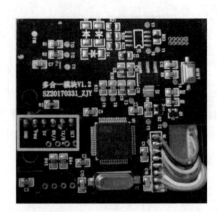

图 3-19 综合型空气质量传感器

由于树莓派的 UART 接口已分配给 GPS 模块使用，所以这里通过 USB 外接串口模块（CH340E）实现树莓派与空气质量传感器模块的连接，如图 3-20 所示。传感器模块和 CH340E 的具体接口如下：5V 和 GND 引脚分别直接相连，TXD 和 RXD 引脚交叉相连，此外，传感器模块的 SET 引脚连接树莓派的 2 脚（5V）。

树莓派系统集成了 USB 转串口驱动，将 CH340E 插入树莓派 USB 接口就可以使用。在命令行输入 **lsusb** 查看连接的 USB 设备，输入 **ls -l /dev/tty*** 查看设备的串口号，结果分别如图 3-21(a)和图 3-21(b)所示。在树莓派系统中，USB 串口设备一般是根据设备插入顺序进行命名，依次是/dev/ttyUSB0、/dev/ttyUSB1 等。

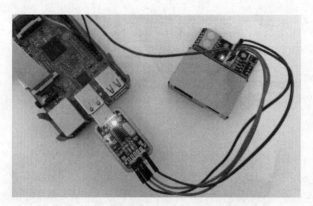

图 3-20　树莓派连接空气质量传感器

```
pi@raspberrypi:~/Documents/pi $ lsusb
Bus 001 Device 004: ID 1a86:7523 QinHeng Electronics HL-340 USB-Serial adapter
Bus 001 Device 003: ID 0424:ec00 Standard Microsystems Corp. SMSC9512/9514 Fast
Ethernet Adapter
Bus 001 Device 002: ID 0424:9514 Standard Microsystems Corp. SMC9514 Hub
Bus 001 Device 001: ID 1d6b:0002 Linux Foundation 2.0 root hub
```

(a) 连接的 USB 设备

```
crw--w---- 1 root tty       4,  8 3月  11 20:14 /dev/tty8
crw--w---- 1 root tty       4,  9 3月  11 20:14 /dev/tty9
crw-rw---- 1 root dialout 204, 64 3月  11 20:14 /dev/ttyAMA0
crw------- 1 root root      5,  3 3月  11 20:14 /dev/ttyprintk
crw-rw---- 1 root dialout   4, 64 3月  11 20:14 /dev/ttyS0
crw-rw---- 1 root dialout 188,  0 3月  11 20:14 /dev/ttyUSB0
```

(b) 设备串口号

图 3-21　查看 USB 串口设备

创建脚本文件 air_quality_senor. py，输入如下代码：

```
import serial
import time
import binascii                              #用于二进制(byte类型数据)和ASCII的转换

class Multisensor():                         #定义Multisensor类
    def __init__(self):
        self.ser = serial.Serial("/dev/ttyUSB0", 9600)  #打开USB串口,波特率设为9600bps
        self.time_sent = bytes.fromhex('42 78 01 00 00 00 00 FF')    #设置数据传输周期1s
        self.ser.write(self.time_sent)                  #通过串口向传感器模块写入指令
        self.ser.flushInput()                           #清空串口接收缓存中的数据

    def serial_rec(self):
        count = self.ser.inWaiting()                    #返回串口接收缓存中的字节数
        while count != 0:
            recv = self.ser.read(count)                 #从串口读入指定的字节数
```

```python
        '''下条语句返回二进制数据的十六进制表示形式,将串口接收的19字节转
        换成38位十六进制字符串,其中[2:-1]表示截取该行从第三位到最后一个字符
        (换行符)之间的部分,该部分对应真正的有效数据'''
        recv = str(binascii.b2a_hex(recv))[2:-1]
        self.ser.flushInput()           #清空接收缓存区
        return recv

    #以下各项空气指标的具体计算公式参见传感器模块文档
    def co2_count(self,recv):
        recv_co2 = recv[6:10]                   #从38位十六进制字符串中截取CO2数据
        recv_co2_h = int(recv_co2[0:2],16)      #高字节十六进制转换成十进制
        recv_co2_l = int(recv_co2[2:4],16)      #低字节十六进制转换成十进制
        co2 = recv_co2_h * 256 + recv_co2_l
        print('(1).CO2 : % d ppm' % co2)
        return co2

    def tvoc_count(self,recv):
        recv_tvoc = recv[10:14]                 #从38位十六进制字符串中截取TVOC数据
        recv_tvoc_h = int(recv_tvoc[0:2],16)
        recv_tvoc_l = int(recv_tvoc[2:4],16)
        tvoc = float(recv_tvoc_h * 256 + recv_tvoc_l)/10.0
        print('(2).TVOC : % f ug/m3' % tvoc)
        return tvoc

    def ch20_count(self,recv):
        recv_ch20 = recv[14:18]                 #从38位十六进制字符串中截取CH2O数据
        recv_ch20_h = int(recv_ch20[0:2],16)
        recv_ch20_l = int(recv_ch20[2:4],16)
        ch20 = float(recv_ch20_h * 256 + recv_ch20_l)/10.0
        print('(3).CH20 : % f ug/m3' % ch20)
        return ch20

    def pm25_count(self,recv):
        recv_pm25 = recv[18:22]                 #从38位十六进制字符串中截取PM2.5数据
        recv_pm25_h = int(recv_pm25[0:2],16)
        recv_pm25_l = int(recv_pm25[2:4],16)
        pm25 = recv_pm25_h * 256 + recv_pm25_l
        print('(4).PM2.5 : % d ug/m3' % pm25)
        return pm25

    def humidity_count(self,recv):
        recv_humidity = recv[22:26]             #从38位十六进制字符串中截取湿度数据
        recv_humidity_h = int(recv_humidity[0:2],16)
        recv_humidity_l = int(recv_humidity[2:4],16)
        srh = recv_humidity_h * 256 + recv_humidity_l
        humidity = -6 + 125 * float(srh)/ 2 ** 16
```

```python
            print('(6).Humidity : %f %%RH' % humidity)
            return humidity

    def temp_count(self,recv):
        recv_temp = recv[26:30]              #从38位十六进制字符串中截取温度数据
        recv_temp_h = int(recv_temp[0:2],16)
        recv_temp_l = int(recv_temp[2:4],16)
        stem = recv_temp_h * 256 + recv_temp_l
        temp = -46.85 + 175.72 * float(stem)/2 ** 16
        print('(7).Temperature : %f ℃' % temp)
        return temp

    def pm10_count(self,recv):
        recv_pm10 = recv[30:34]              #从38位十六进制字符串中截取PM10数据
        recv_pm10_h = int(recv_pm10[0:2],16)
        recv_pm10_l = int(recv_pm10[2:4],16)
        pm10 = recv_pm10_h * 256 + recv_pm10_l
        print('(5).PM10 : %d ug/m3' % pm10)
        return pm10

    def read_sensor_data(self):              #获取空气指标参数
        while True:
            recv = self.serial_rec()
            #判断接收数据的格式是否正确
            if recv != None and len(recv) == 38 and recv[0:6] == '01030e':
                sto_co2 = self.co2_count(recv)
                sto_tvoc = self.tvoc_count(recv)
                sto_ch2o = self.ch2o_count(recv)
                sto_pm25 = self.pm25_count(recv)
                sto_pm10 = self.pm10_count(recv)
                sto_humidity = self.humidity_count(recv)
                sto_temp = self.temp_count(recv)
                break                        #直至接收到一次完整数据后退出本次循环

        return sto_co2,sto_tvoc,sto_ch2o,sto_pm25,sto_pm10,sto_humidity,sto_temp

if __name__ == '__main__':
    try:
        multisensor = Multisensor()          #创建实例
        while True:
            multisensor.read_sensor_data()   #调用Multisensor类的方法
            print('------------------------')
    except KeyboardInterrupt:
        if multisensor.ser != None:
            multisensor.ser.close()          #关闭USB串口
```

运行程序,可以同时监测 7 种空气指标参数,结果如图 3-22 所示。

```
pi@raspberrypi: ~/Documents/pi
pi@raspberrypi:~/Documents/pi $ python3 air_quality_senor.py
(1).CO2 :   443 ppm
(2).TVOC :  7.300000 ug/m3
(3).CH2O :  2.600000 ug/m3
(4).PM2.5 : 58 ug/m3
(5).PM10 :  72 ug/m3
(6).Humidity :   48.485321 %RH
(7).Temperature :   19.498135 °C
-----------------------------------
(1).CO2 :   439 ppm
(2).TVOC :  6.100000 ug/m3
(3).CH2O :  2.600000 ug/m3
(4).PM2.5 : 58 ug/m3
(5).PM10 :  72 ug/m3
(6).Humidity :   48.485321 %RH
(7).Temperature :   19.498135 °C
```

图 3-22　空气质量传感器测试结果

3.7　数字指南针

数字指南针也称作电子罗盘或磁力计,用于测量地球磁场的方向和大小。HMC5883L 是一种带有数字接口的弱磁传感器芯片,采用各向异性磁阻(AMR)技术,灵敏度高、可靠性好,内置 12 位模数转换器,可以测量沿 X、Y 和 Z 轴 3 个方向上的地球磁场值,测量范围从毫高斯到 8 高斯。HMC5883L 模块及其引脚如图 3-23 所示,该模块工作电压为 2.16~3.6V,工作电流 $100\mu A$,罗盘航向精度 $1°\sim2°$。

图 3-23　磁场传感器模块 HMC5883L

和前面介绍的 BMP180 一样,HC5883L 也遵循 I^2C 协议。它和树莓派相连只需要 4 根线,即 VCC、GND、SCL 和 SDA,具体连接如下:将 SDA 和 SCL 引脚分别连接至树莓派 GPIO 接口的 3 脚和 5 脚,GND 和 VCC 分别连接 GPIO 的 20 脚(GND)和 17 脚(3.3V)。连线接好后,在终端输入命令 **sudo i2cdetect -y 1**,如图 3-24 所示,可以看到在地址 0x1e 处检测到了一个设备,这就是外接的 HMC5883L 传感器。

同样,树莓派使用 smbus 库对 HC5883L 模块进行读写操作。下面编写程序,通过树莓派读取 HMC5883L 模块沿 X、Y 和 Z 轴的磁场强度并计算其航向角。新建脚本文件

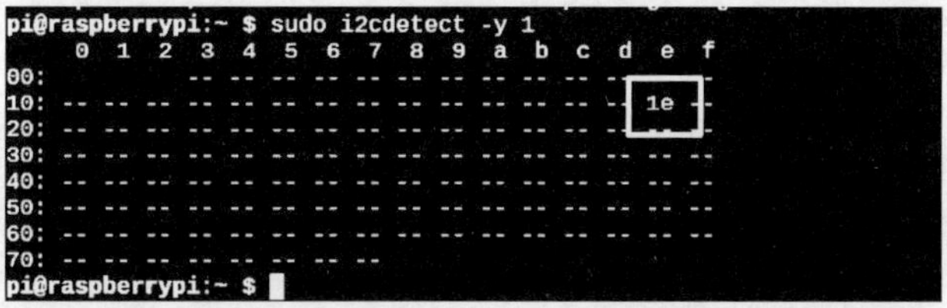

图 3-24 查看 HC5883L 的地址

hmc5883l.py，输入以下代码：

```python
import smbus
import time
import math

class HMC5883():                                    #定义 HMC5883 类
    def __init__(self, address = 0x1e, x_offset = 0.041304, y_offset = -0.132608):
        '''HMC5883L 设备地址 0x1e，x_offset 和 y_offset 分别为 x、y 方向校准量'''
        self._address = address
        self._bus = smbus.SMBus(1)                  #创建 smbus 实例,1 代表/dev/i2c-1
        self.Magnetometer_config()                  #设置寄存器
        self.x_offset = x_offset
        self.y_offset = y_offset

    def read_raw_data(self, addr):                  #addr 为数据输出寄存器的高字节地址
        high = self._bus.read_byte_data(address, addr)      #读取高字节数据
        low = self._bus.read_byte_data(address, addr + 1)   #读取低字节数据
        value = (high << 8) + low
        if (value >= 0x8000):                       #两个字节以补码的形式存储
            return -((65535 - value) + 1)
        else:
            return value

    def Magnetometer_config(self):                  #设置配置寄存器 A、B 和模式寄存器,参看数据手册
        self._bus.write_byte_data(self._address, 0, 0x74)   #配置寄存器 A 地址 0x00
        self._bus.write_byte_data(self._address, 1, 0xe0)   #配置寄存器 B 地址 0x01
        self._bus.write_byte_data(self._address, 2, 0)      #模式寄存器地址 0x02

    '''XYZ 轴数据输出寄存器高字节地址分别为 0x03,0x07 和 0x05 读取的原始数据除以增益'''
    def get_magnetic_xyz(self):
        x_data = self.read_raw_data(3)/230.0        #X 轴输出数据
        y_data = self.read_raw_data(7)/230.0        #Y 轴输出数据
        z_data = self.read_raw_data(5)/230.0        #Z 轴输出数据
        return [x_data, y_data, z_data]
```

```python
    def read_HMC5883_data(self):
        x_data,y_data,z_data = self.get_magnetic_xyz()
        x_data = x_data - self.x_offset              # 校正偏差
        y_data = y_data - self.y_offset
        print('x轴磁场强度: ', x_data, 'Gs')
        print('y轴磁场强度: ', y_data, 'Gs')
        print('z轴磁场强度: ', z_data, 'Gs')
        # 计算航向角
        bearing = math.atan2(y_data, x_data)
        if (bearing < 0):
            bearing += 2 * math.pi
        print("航向角: ", math.degrees(bearing),"\n")    # 将弧度转换为角度
        return math.degrees(bearing)
        # return round(math.degrees(bearing),2)        # 保留小数点后 2 位

if __name__ == '__main__':
    hmc = HMC5883()
    while True:
        hmc.read_HMC5883_data()
        time.sleep(5)
```

上例中,设置配置寄存器 A 的值为 0x74,其功能是数据输出频率为 30Hz,每次测量采样 8 个样本并将其平均值作为输出;配置寄存器 B 的值为 0xe0,其功能是将增益设置为 230,输出数据的范围为 0xF800~0x07FF;模式寄存器的值为 0x00,表示选择连续测量操作模式。读取 X 轴和 Y 轴数据寄存器的原始值,除以增益后得到各方向上的磁场强度,最后再计算出航向角。运行程序,以正北方为初始方向顺时针旋转传感器,航向角不断增大,结果如图 3-25 所示。

图 3-25　磁场强度与航向角测试结果

如果根据 HMC5883L 读取值计算出来的角度和指南针的角度有偏差,需要按如下步骤进行校正。首先将传感器模块水平放置,匀速旋转找出 X 轴和 Y 轴方向上磁场强度的最大值与最小值,即 x_max、x_min、y_max、y_min,然后计算得到两个方向上的偏移量 x_offset＝(x_max＋x_min)/2 和 y_offset＝(y_max＋y_min)/2。新建 hmc5883l_calibration.py 输入以下代码:

```python
import time
from hmc5883l import HMC5883

def calibrateMag():                         #进行 X 轴和 Y 轴方向的校准,绕 Z 轴慢速转动
    minx = 0
    maxx = 0
    miny = 0
    maxy = 0
    
    hmc = HMC5883()                         #创建实例
    hmc.Magnetometer_config()
    
    for i in range(0,200):                  #旋转过程中读取 200 个数据
        x_out,y_out,z_out = hmc.get_magnetic_xyz()
        
        if x_out < minx:
            minx = x_out
        if y_out < miny:
            miny = y_out
        if x_out > maxx:
            maxx = x_out
        if y_out > maxy:
            maxy = y_out
        time.sleep(0.1)
    print("minx: ", minx)
    print("miny: ", miny)
    print("maxx: ", maxx)
    print("maxy: ", maxy)
    x_offset = (maxx + minx) / 2
    y_offset = (maxy + miny) / 2
    print("x_offset: ", x_offset)
    print("y_offset: ", y_offset)

if __name__ == '__main__':
    calibrateMag()                          #测试中,X 箭头初始朝向北方,匀速旋转
```

校正测试结果如图 3-26 所示,其中的 x_offset、y_offset 即为 hmc5883l.py 中 X 轴和 Y 轴磁场强度的校准量。实际应用时,读者需要根据当前位置进行校正并重新设定。

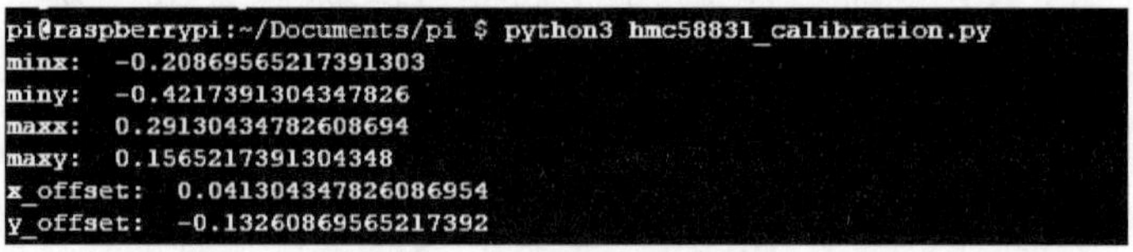

```
pi@raspberrypi:~/Documents/pi $ python3 hmc58831_calibration.py
minx:   -0.20869565217391303
miny:   -0.4217391304347826
maxx:   0.29130434782608694
maxy:   0.1565217391304348
x_offset:   0.041304347826086954
y_offset:   -0.13260869565217392
```

图 3-26　HMC5883l 校正结果

3.8　超声波测距

利用 HC-SR04 超声波传感器可以检测前方的障碍物，实现超声波测距与避障功能。HC-SR04 模块如图 3-27 所示，包括超声波发射器、接收器与控制电路，4 个接口从左到右分别为 VCC、Trig（触发控制信号输入端）、Echo（回响信号输出端）和 GND。该模块采用 5V 电压供电，工作电流 15mA，工作频率 40kHz，测量角度不大于 15°，探测距离 2～400cm，精度为 0.3cm。

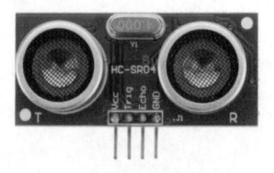

图 3-27　HC-SR04 超声波传感器

HC-SR04 模块使用简单，只需给 Trig 引脚至少 10μs 的高电平信号即可触发测距。超声波发射器会对外连续发送 8 个 40kHz 的脉冲。如果接收器检测到返回信号，则 Echo 引脚输出一个高电平，且该高电平的持续时间是超声波从发射到返回的时间。由此可以计算出前方障碍物的距离，即距离等于高电平持续时间乘以声速的积的一半。

将 HC-SR04 的 VCC 和 GND 分别连接树莓派 GPIO 的 4 脚（5V）和 30 脚（GND），Trig 端接树莓派 GPIO 的 29 脚，由于 Echo 端输出电压为 5V，需要经过 330Ω 和 470Ω 电阻串联分压后连接到树莓派 GPIO 的 31 脚。新建脚本 hcsr04. py，输入超声波测距程序，代码如下：

```
import RPi.GPIO as GPIO
import time

class HCSR04():                                          #定义 HCSR04 类
```

```python
        def __init__(self, trigger = 29, echo = 31):    # 默认定义 TRIG 为 29 脚, ECHO 为 31 脚
            self.TRIG = trigger
            self.ECHO = echo
            GPIO.setwarnings(False)                      # 禁用引脚设置的警告信息
            GPIO.setmode(GPIO.BOARD)
            GPIO.setup(self.TRIG, GPIO.OUT, initial = False)
            GPIO.setup(self.ECHO, GPIO.IN)

        def readDistanceCm(self):
            GPIO.output(self.TRIG, True)                 # 设置 TRIG 为高电平
            time.sleep(0.00001)                          # 等待 10μs
            GPIO.output(self.TRIG, False)
            while GPIO.input(self.ECHO) == 0:
                pass
            start_time = time.time()                     # 获取 ECHO 为高的起始时间
            while GPIO.input(self.ECHO) == 1:
                pass
            stop_time = time.time()                      # 获取 ECHO 为高的终止时间
            time_elapsed = stop_time - start_time        # 计算超声波发射到返回的时间
            distance = (time_elapsed * 34000) / 2        # 计算距离, 单位为 cm
            return distance

if __name__ == "__main__":
    try:
        hcsr04 = HCSR04(29, 31)                          # 创建实例, 可以根据需要替换为其他引脚
        while True:
            d = hcsr04.readDistanceCm()
            print("Distance is %.2f cm" % d)
            time.sleep(1)
    except KeyboardInterrupt:
        GPIO.cleanup()                                   # 释放 GPIO 资源
```

运行程序, 以书本作为障碍物不断靠近超声波传感器模块, 距离测量值不断变小, 结果如图 3-28 所示。

图 3-28 超声波测距结果

第 4 章 树莓派智能小车

本章介绍树莓派使用摄像头、控制直流电机以及实现语音合成的方法,结合第 3 章中传感器接口与编程的相关内容搭建集成了多种环境参数监测、网络视频监控、GPS 定位以及语音播报等功能的树莓派智能小车,并实现智能小车的远程控制。

4.1 摄像头控制

4.1.1 摄像头安装与配置

树莓派配备了 CSI 接口,可以连接摄像头模块,用于拍摄照片或录制视频。树莓派安装摄像头的步骤如图 4-1 所示。首先,找到 CSI 接口,抬起接口两端的挡板;撕掉贴在镜头

图 4-1 安装摄像头模块

上的塑料保护膜,将摄像头的排线插入 CSI 接口(有蓝色胶带的一面朝向以太网接口方向);确认排线安装好后,将两端的挡板按下。安装或卸载摄像头应在树莓派关机断电的情况下进行,在开机状态下操作可能会烧坏摄像头。

安装好摄像头模块后,启动树莓派,在终端输入 **sudo raspi-config**,打开设置页面,依次选择 Interfacing Options→Camera 选项,将摄像头设为启用状态(Enable)。

4.1.2 摄像头基本操作

设置完并重启树莓派后,摄像头模块就可以正常工作了。Raspbian 系统提供了两个工具 raspistill 和 raspivid,分别用于摄像头采集静态图片和拍摄视频,下面分别举例说明。通过远程桌面登录树莓派,在终端输入命令 **raspistill -o image.jpg -t 2000**,其作用是在 2s 后拍摄一张照片,保存在当前目录下,文件名为 image.jpg。可以通过文件管理器找到并查看该图片,如图 4-2 所示。

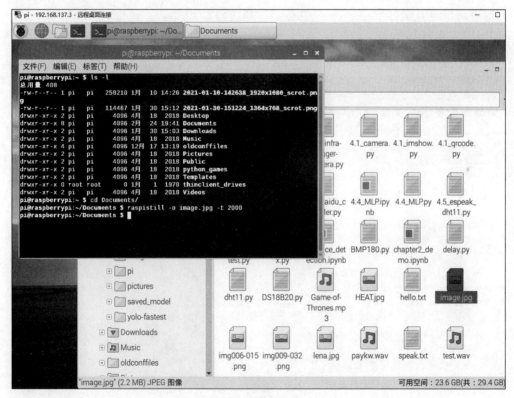

图 4-2　摄像头拍照

类似地,在终端输入命令 **raspivid -o test1.h264 -t 15000** 即可录制一段 15s 长度的 H.264 格式的视频,保存为 test1.264 文件。想改变拍摄时长,只需通过-t 选项来设置时间,单位是毫秒。又如,输入 **raspivid -o video.h264 -t 5000 -w 1280 -h 720**,将录制 5s 长度的 H.264 视

频流,-w 和 -h 选项设置分辨率为 1280×720px。

此外,树莓派还提供了 picamera 库(Raspbian 系统已默认安装),方便摄像头进行拍照或录制视频等操作。拍照并以当前时间命名的过程非常简单,新建 capturing_image.py,输入如下代码:

```python
from picamera import PiCamera          # 导入 PiCamera 模块
import time

camera = PiCamera()                    # 创建返回一个 camera 的对象
camera.resolution = (1280,720)         # 设置图像的 width 和 height
curtime = time.strftime('%Y-%m-%d-%H-%M-%S',time.localtime(time.time()))
                                       # 获得当前时间
camera.capture(curtime + '.jpg')       # 以时间命名,文件类型可以是'jpeg','png','gif'或是'bmp'等
camera.close()                         # 关闭摄像头
```

拍摄视频的脚本文件 recording_video.py 的内容如下:

```python
from picamera import PiCamera

camera = PiCamera(resolution = (640, 480), framerate = 24)    # 设定分辨率与帧速
camera.start_recording('video.h264')                          # 开始录制视频
camera.wait_recording(15)                                     # 录制时间 15s,也可以用
                                                              # time.sleep(15)

camera.stop_recording()                                       # 停止录制
camera.close()
```

如果需要在视频输出中叠加文本或时间戳,可以采用以下方法:

```python
import picamera
import datetime as dt

with picamera.PiCamera() as camera:                           # 用 with 语句可以自动释放摄像头资源
    camera.resolution = (640, 480)
    camera.framerate = 15
    camera.start_preview()                                    # 开始预览
    camera.annotate_background = picamera.Color('black')
                                                              # 设置注释文字的背景颜色
    # camera.annotate_text_size = 36                          # 设置注释文字的大小,默认是 32
    camera.annotate_text = dt.datetime.now().strftime('%Y-%m-%d %H:%M:%S')
                                                              # 注释文本
    camera.start_recording('video.h264')
    start = dt.datetime.now()
    while (dt.datetime.now() - start).seconds < 30:  # 30s 内动态显示当前时间
        camera.annotate_text = dt.datetime.now().strftime('%Y-%m-%d %H:%M:%S')
        camera.wait_recording(0.5)
    camera.stop_recording()
```

保存为 overlaying_text.py 并运行该程序，会在当前目录下保存叠加有时间戳的视频文件。采用 VLC 媒体播放器（输入命令 **sudo apt-get install vlc** 进行安装）打开该文件，可以看到如图 4-3 所示的画面。

图 4-3　视频叠加时间戳

4.1.3　开启网络视频

利用 GitHub 上的开源代码可以非常方便地实现网络视频监控。MJPG-streamer 是一个命令行应用程序，可以用于通过基于 IP 的网络将 JPEG 文件从网络摄像头传输到各种类型的查看器，如 Chrome、Firefox、VLC、MPlayer 和其他能够接收 MJPG 流的软件。下面介绍利用 MJPG-streamer 在浏览器端实现远程视频监控的方法。首先对 MJPG-streamer 进行配置，具体过程如下：

（1）在终端输入 **sudo apt-get install libjpeg8-dev cmake** 安装依赖。

（2）输入 **wget https://github.com/jacksonliam/mjpg-streamer/archive/master.zip** 下载 MJPG-streamer 软件包，再输入 **unzip master.zip** 进行解压。

（3）使用指令 **cd mjpg-streamer-master/mjpg-streamer-experimental** 进入指定目录，通

过命令 **sudo nano plugins/input_raspicam/input_raspicam.c** 编辑配置文件以提高视频监控的流畅度，如图 4-4 所示，修改视频流的帧率和分辨率，保存退出。

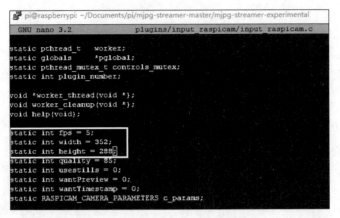

图 4-4　修改 MJPG-streamer 配置文件

（4）输入命令 **make clean all** 进行编译，每次修改配置文件后都要重新执行此步骤。

在终端输入命令 **./mjpg_streamer -i "./input_raspicam.so" -o "./output_http.so -w ./www"**，开启视频流推送至浏览器。如图 4-5 所示，在浏览器地址栏输入 **192.168.137.3**：

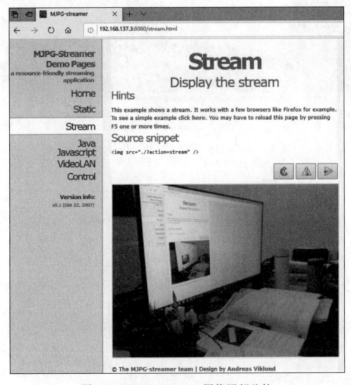

图 4-5　MJPG-streamer 网络视频监控

8080（树莓派 IP 地址：端口）即可实现远程视频监控。

　　另外，还可以通过 pistreaming 开源库实现树莓派远程视频监控。在终端输入命令 **sudo apt-get install ffmpeg git python3-ws4py** 安装依赖项，输入命令 **git clone https://github.com/waveform80/pistreaming.git**/克隆下载代码，再依次输入 **cd pistreaming** 和 **python3 server.py** 切换到相应的目录下并运行 Python 服务器脚本。打开网络浏览器，访问 **http://192.168.137.3:8082**，即可显示来自摄像头的实时画面，结果如图 4-6 所示。

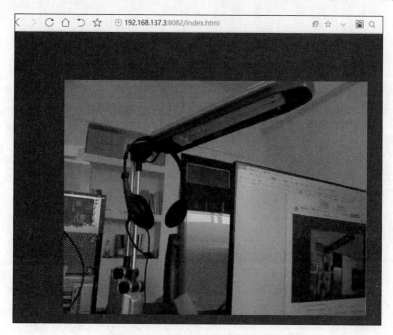

图 4-6　pistreaming 网络视频监控

注意：为了方便读者使用，本书配套资源中包含了已下载的上述两个开源代码库。读者只需将其上传至树莓派工作目录下，即可直接使用。

4.1.4　异常触发开启摄像头

　　一般情况下可以关闭摄像头功能以节省系统能耗，只有当传感器检测到异常时，才会触发开启摄像头功能。例如，结合 3.8 节介绍的超声波测距，当检测到前方 20cm 范围内有障碍物时，启动摄像头抓拍图像。实现该功能的代码如下：

```
import RPi.GPIO as GPIO
import os
import time
from hcsr04 import HCSR04                              #导入自定义模块
```

```python
if __name__ == '__main__':
    try:
        hcsr04 = HCSR04()                                    # 创建实例并初始化
        while True:
            if hcsr04.readDistanceCm() <= 20:                # 在20cm范围内检测到障碍物
                print("Obstacle detected!")
                os.system('python3 capturing_image.py')       # 执行摄像头拍照程序
            time.sleep(2)
    except KeyboardInterrupt:
        GPIO.cleanup()
```

保存为 trigger_camera_1.py,运行程序,摄像头被触发后抓拍的图片将保存在当前目录下。代码中的 os.system() 用来执行其他命令或程序,例如,os.system('python3 capturing_image.py')表示执行当前目录下的脚本文件 capturing_image.py,其作用相当于在终端输入命令 python3 capturing_image.py。

同样,当检测到障碍物时,可以启动摄像头进行远程实时监控。新建脚本 trigger_camera_2.py,输入以下代码:

```python
import RPi.GPIO as GPIO
import os
import subprocess                                            # 用来创建子进程
import time
from hcsr04 import HCSR04                                    # 导入自定义模块

flag1 = False                                                # 障碍物检测标志位
flag2 = False                                                # 远程视频监控启动标志位
current_path = os.getcwd()                                   # 当前工作目录
path = current_path + '/pistreaming'                         # server.py 所在目录

def main():
    global flag1, flag2
    hcsr04 = HCSR04()
    while True:
        if hcsr04.readDistanceCm() <= 20:                    # 在20cm范围内检测到障碍物
            flag1 = True                                     # 障碍物检测标志设为真
            print("Obstacle detected!")
            if not flag2:                                    # 若远程视频监控未开启
                os.chdir(path)                               # 切换到 server.py 所在目录
                p = subprocess.Popen(['python3', 'server.py'])
                                                             # 创建并运行视频监控进程
                flag2 = True                                 # 远程视频监控标志置位
        else:
            flag1 = False                                    # 未检测到障碍物
```

```
            time.sleep(2)
            if not flag1 and flag2:       ♯未检测到障碍物且远程视频监控已开启
                p.kill()                   ♯终止视频监控进程
                flag2 = False              ♯远程视频监控标志清零

if __name__ == '__main__':
    main()
```

测试结果如图 4-7 所示，当在超声波传感器前方 20cm 范围内放置塑料瓶时会触发开启网络视频监控，移开塑料瓶后摄像头将会关闭。在上面的代码中，当检测到障碍物时，通过 subprocess.Popen() 创建进程运行 server.py 脚本。当远离障碍物后即障碍物检测标志位 flag1 为假时，通过 kill() 终止视频监控进程，如果再次检测到障碍物时又会创建并运行视频监控进程。另一方面，当远程视频监控启动后再次检测到障碍物时，不会重新创建运行视频监控进程，该功能通过视频监控启动标志位 flag2 来实现。当终端界面显示检测到障碍物时，需要在浏览器地址栏输入 http://192.168.137.3:8082，才能显示实时监控画面。

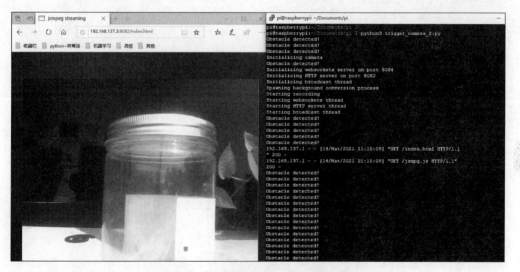

图 4-7　触发摄像头实现网络视频监控

4.1.5　摄像头云台控制

舵机与直流电机类似，只不过可以通过软件精细地控制旋转的角度。通常使用脉宽调制（PWM）信号来控制舵机的动作。脉宽调制是一种对模拟信号电平进行数字编码的方法，即在一定的频率下，通过改变占空比（高电平在一个周期之内所占的时间比率）得到不同的输出电压。如果要控制舵机旋转的位置，需要对其发送特定占空比的脉冲信号。例如，设定脉冲信号的频率为 50Hz（周期 20ms），发送一个 1.5ms 高电平的脉冲，即占空比为 7.5%（1.5ms/20ms），舵机会回到中心位置；如果发送 0.5ms 高电平的脉冲（占空比为 2.5%），则舵机会逆时针方向旋转到头,而发送 2.5ms 高电平的脉冲(占空比为 12.5%),舵机会顺时针方向旋转到头。因此,通过设定发送给舵机的脉冲长度,就可以精确控制舵机的位置。

通过 RPi.GPIO 库就可以使树莓派 GPIO 引脚输出控制舵机的 PWM 信号,举例说明如下:

```
import RPi.GPIO as GPIO
import time

GPIO.setmode(GPIO.BOARD)
GPIO.setup(11, GPIO.OUT)
p = GPIO.PWM(11, 50)          #创建 PWM 实例,引脚 11 的频率设为 50Hz
p.start(7.5)                  #启用 PWM,设定占空比为 7.5(占空比范围:0~100)
time.sleep(1)                 #延时 1s
p.stop()                      #停止 PWM
GPIO.cleanup()

#可以通过以下指令修改频率与占空比
p.ChangeFrequency(freq)       #更改频率,单位为 Hz
p.ChangeDutyCycle(dc)         #更改占空比
```

由两个舵机和支架就可以构建二自由度云台,从而控制摄像头的姿态角。如图 4-8 所示,将一个舵机的顶部连接到另一个舵机的侧边上,下层的舵机控制摄像头在水平方向上旋转,上层的舵机控制摄像头在垂直方向上旋转。图 4-8 中选用 SG90 舵机,它的工作电压为 5V,脉冲周期为 20ms,脉宽 0.5~2.5ms 对应的角度为 -90°~+90°。两个舵机的电源线与接地线分别与树莓派 GPIO 的 5V 和 GND 引脚相连,PWM 信号线分别连接 GPIO 接口的 32 脚和 36 脚。

图 4-8 二自由度云台

新建脚本 servoctrl.py,输入以下代码实现对两个舵机的控制:

```
import time
import RPi.GPIO as GPIO
```

```python
class ServoCtl():                                               #定义 ServoCtl 类
    def __init__(self, channel, init_position = 90, min_angle = 20, max_angle = 160):
        self.channel = channel
        self.init_position = init_position                      #舵机初始位置(90度)
        self.position = init_position
        self.min_angle = min_angle          #云台转动的角度范围20～160度,中心位置为90度
        self.max_angle = max_angle

        GPIO.setwarnings(False)
        GPIO.setmode(GPIO.BOARD)
        GPIO.setup(self.channel, GPIO.OUT, initial = False)

        self.pwm = GPIO.PWM(self.channel, 50)                   #PWM 频率为50Hz
        self.pwm.start(2.5 + 10 * self.position / 180)          #舵机转到初始位置
        time.sleep(0.3)
        self.pwm.ChangeDutyCycle(0)                             #占空比为0,输出信号为低

    def forwardRotation(self,angle):                            #增加角度
        print("当前位置：" + str(self.position))
        if (self.position + angle) <= self.max_angle:           #判断是否超过最大角度
            self.position = self.position + angle
            self.pwm.ChangeDutyCycle(2.5 + 10 * self.position / 180)
                                                                #设置舵机角度
            time.sleep(0.3)
            self.pwm.ChangeDutyCycle(0)
        print("新的位置：" + str(self.position),'\n')

    def reverseRotation(self,angle):                            #减小角度
        print("当前位置：" + str(self.position))
        if (self.position - angle) >= self.min_angle:           #判断是否低于最小角度
            self.position = self.position - angle
            self.pwm.ChangeDutyCycle(2.5 + 10 * self.position / 180)
                                                                #设置舵机角度
            time.sleep(0.3)
            self.pwm.ChangeDutyCycle(0)
        print("新的位置：" + str(self.position),'\n')

    def reset(self):                                            #回到中间初始位置
        print("当前位置：" + str(self.position))
        self.position = self.init_position
        self.pwm.start(2.5 + 10 * self.init_position / 180)     #让舵机转到初始位置
        time.sleep(0.3)
        self.pwm.ChangeDutyCycle(0)
        print("新的位置：" + str(self.position),'\n')

    def setServo(self,steering,angle = 10):                     #执行相应操作,默认步进角度为10
        if steering == 1:
            self.forwardRotation(angle)
        elif steering == 2:
```

```python
                self.reverseRotation(angle)
            elif steering == 0:
                self.reset()
            else:
                pass

if __name__ == '__main__':
    try:
        servo_pan = ServoCtl(channel = 32)              #平移舵机
        servo_tilt = ServoCtl(channel = 36)             #仰角舵机
        while True:
            para = input("输入舵机编号(pan:1,tilt:2)、控制量(1:正转,2:反转,0:复位)
                          与旋转角度：").split()
            if len(para) == 2:                          #不输入旋转角度时,取默认值
                if int(para[0]) == 1:
                    servo_pan.setServo(int(para[1]))    #int()将字符串参数转换为数值
                elif int(para[0]) == 2:
                    servo_tilt.setServo(int(para[1]))
                else: pass
            elif len(para) == 3:                        #第三个参数为旋转的角度
                if int(para[0]) == 1:
                    servo_pan.setServo(int(para[1]), int(para[2]))
                elif int(para[0]) == 2:
                    servo_tilt.setServo(int(para[1]), int(para[2]))
                else: pass
            else:
                pass
    except KeyboardInterrupt:
        GPIO.cleanup()
```

运行程序,输入"1 1 30"表示控制平移舵机正转30°,即从初始位置转到120°的位置,输入"1 2"表示平移舵机反转10°,而输入"2 0"则表示仰角舵机回到初始位置,测试结果如图4-9所示。

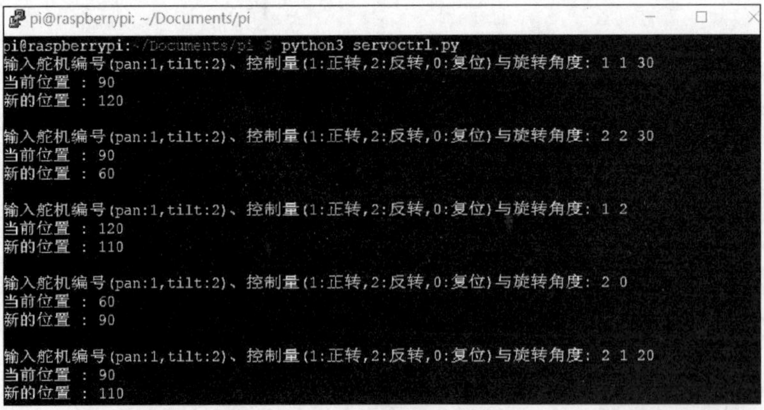

图4-9 二自由度云台测试结果

4.2 电机控制

组装完成的小车模型实物如图 4-10 所示,两个前轮分别连接直流电机,树莓派通过驱动模块控制小车运动,后轮直接固定在小车底板上,可以自由旋转。驱动模块采用 L298N 双 H 桥电机驱动器,如图 4-11 所示,该模块供电电压为 2~10V,信号端 INx 输入电压为 1.8~7V,单路工作电流 1.5A,峰值电流可达 2.5A,内置过热保护电路。电机控制的参数设置如表 4-1 所示,其中 1、0 分别表示高、低电平,PWM 表示脉宽调制,调节占空比可以改变电机转速。

图 4-10 组装车轮与电机

图 4-11 电机驱动模块

表 4-1 电机控制的参数设置

电机	工作方式	IN1	IN2	IN3	IN4
MOTOR-A	正转(调速)	1/PWM	0		
	反转(调速)	0	1/PWM		
	停转	0	0		
	制动	1	1		
MOTOR-B	正转(调速)			1/PWM	0
	反转(调速)			0	1/PWM
	停转			0	0
	制动			1	1

树莓派控制两个电机需要用到 4 个 GPIO 引脚,将 11 引脚、12 引脚、13 引脚和 15 引脚分别连接驱动模块的 IN1、IN2、IN3 和 IN4,向这 4 个引脚发送不同的高低电平组合可以使电机工作在不同的状态。创建 Python 脚本文件 motor.py,输入以下内容:

```
import RPi.GPIO as GPIO
import time

class MotorDriver():
```

```python
    def __init__(self, IN1=11, IN2=12, IN3=13, IN4=15):    # 默认定义2路电机驱动引脚
        self.IN1 = IN1
        self.IN2 = IN2
        self.IN3 = IN3
        self.IN4 = IN4
        GPIO.setwarnings(False)                             # 禁用引脚设置的警告信息
        GPIO.setmode(GPIO.BOARD)
        GPIO.setup(self.IN1, GPIO.OUT)
        GPIO.setup(self.IN2, GPIO.OUT)
        GPIO.setup(self.IN3, GPIO.OUT)
        GPIO.setup(self.IN4, GPIO.OUT)

    def forward(self):                                      # 前进
        GPIO.output(self.IN1, 1)
        GPIO.output(self.IN2, 0)
        GPIO.output(self.IN3, 1)
        GPIO.output(self.IN4, 0)

    def backward(self):                                     # 后退
        GPIO.output(self.IN1, 0)
        GPIO.output(self.IN2, 1)
        GPIO.output(self.IN3, 0)
        GPIO.output(self.IN4, 1)

    def right(self):                                        # 右转
        GPIO.output(self.IN1, 0)
        GPIO.output(self.IN2, 1)
        GPIO.output(self.IN3, 1)
        GPIO.output(self.IN4, 0)

    def left(self):                                         # 左转
        GPIO.output(self.IN1, 1)
        GPIO.output(self.IN2, 0)
        GPIO.output(self.IN3, 0)
        GPIO.output(self.IN4, 1)

    def stop(self):                                         # 停止运动
        GPIO.output(self.IN1, 0)
        GPIO.output(self.IN2, 0)
        GPIO.output(self.IN3, 0)
        GPIO.output(self.IN4, 0)

if __name__ == "__main__":
    motor = MotorDriver()
    try:
        while True:
```

```python
        cmd = input("输入 f(forward) or b(backward) or r(right) or l(left) or p(stop): ")
        if cmd == "f":
            motor.forward()
        if cmd == "b":
            motor.backward()
        if cmd == "r":
            motor.right()
        if cmd == "l":
            motor.left()
        if cmd == "p":
            motor.stop()
except KeyboardInterrupt:   #用户输入中断键(Ctrl+C),退出
    GPIO.cleanup()
```

运行该程序,输入 f 小车会前进,输入 b 小车后退,其他功能类似。上面的代码只能控制电机全速运行或者完全停止,如果需要电机以不同的速度转动,则可以通过 PWM 来控制脉冲的占空比,占空比越大,输出的平均电压越高,电机转速越快。修改上面的代码,另存为 motor_PWM.py。

```python
#!/usr/bin/python3
import RPi.GPIO as GPIO
import time
import sys                                             #该库可用于访问命令行参数

class MotorPWM():
    def __init__(self, duty, IN1 = 11, IN2 = 12, IN3 = 13, IN4 = 15):    #duty 为 PWM 占空比
        self.IN1 = IN1
        self.IN2 = IN2
        self.IN3 = IN3
        self.IN4 = IN4
        self.duty = duty
        GPIO.setwarnings(False)                        #禁用引脚设置的警告信息
        GPIO.setmode(GPIO.BOARD)
        GPIO.setup(self.IN1, GPIO.OUT)
        GPIO.setup(self.IN2, GPIO.OUT)
        GPIO.setup(self.IN3, GPIO.OUT)
        GPIO.setup(self.IN4, GPIO.OUT)
        self.p1 = GPIO.PWM(self.IN1, 50)               #PWM 工作频率 50Hz
        self.p1.start(0)                               #占空比为 0,引脚输出为低电平
        self.p2 = GPIO.PWM(self.IN2, 50)
        self.p2.start(0)
        self.p3 = GPIO.PWM(self.IN3, 50)
        self.p3.start(0)
```

```python
        self.p4 = GPIO.PWM(self.IN4,50)
        self.p4.start(0)

    def forward(self):                              # 前进
        self.p1.ChangeDutyCycle(self.duty)          # 占空比控制小车运动速度
        self.p2.ChangeDutyCycle(0)
        self.p3.ChangeDutyCycle(self.duty)
        self.p4.ChangeDutyCycle(0)

    def backward(self):                             # 后退
        self.p1.ChangeDutyCycle(0)
        self.p2.ChangeDutyCycle(self.duty)
        self.p3.ChangeDutyCycle(0)
        self.p4.ChangeDutyCycle(self.duty)

    def right(self):                                # 右转
        self.p1.ChangeDutyCycle(0)
        self.p2.ChangeDutyCycle(self.duty)
        self.p3.ChangeDutyCycle(self.duty)
        self.p4.ChangeDutyCycle(0)

    def left(self):                                 # 左转
        self.p1.ChangeDutyCycle(self.duty)
        self.p2.ChangeDutyCycle(0)
        self.p3.ChangeDutyCycle(0)
        self.p4.ChangeDutyCycle(self.duty)

    def stop(self):                                 # 停止运动
        self.p1.ChangeDutyCycle(0)
        self.p2.ChangeDutyCycle(0)
        self.p3.ChangeDutyCycle(0)
        self.p4.ChangeDutyCycle(0)

if __name__ == "__main__":
    pwm = MotorPWM(duty = 50)                       # 创建实例,占空比 50(电机以半速转动)
    try:
        if int(sys.argv[1]) == 1:                   # 第一个参数指定小车的运行状态
            pwm.forward()
            time.sleep(float(sys.argv[2]))          # 第二个参数指定运动时长
        elif int(sys.argv[1]) == 2:
            pwm.backward()
            time.sleep(float(sys.argv[2]))
        elif int(sys.argv[1]) == 3:
            pwm.right()
            time.sleep(float(sys.argv[2]))
        elif int(sys.argv[1]) == 4:
```

```
                pwm.left()
                time.sleep(float(sys.argv[2]))
            elif int(sys.argv[1]) == 5:
                pwm.stop()
            else:
                pass
    except KeyboardInterrupt:                    #用户输入中断键(Ctrl＋C),退出
        GPIO.cleanup()
```

与 motor.py 不同的是,本例中增加了两个参数来控制小车的运动状态与持续时间,它们分别对应代码中的 sys.argv[1]和 sys.argv[2]。例如,希望小车向前运动 3s,只需在树莓派终端输入"./motor_PWM.py 1 3",sys.argv[1]对应该命令行中的第一个参数 1,int(sys.argv[1])是将该字符串参数转换为整数;类似地,sys.argv[2]对应第二个参数 3,float(sys.argv[2])将其转换为浮点数,time.sleep(float(sys.argv[2]))指定小车执行当前运动状态的时间长度。

注意:代码第一行的"♯!/usr/bin/python3"可以让该段代码具有直接运行的能力。输入命令"chmod u＋x motor_PWM.py"改变该文件的执行权限,然后只需输入"./motor_PWM.py"即可执行该程序,其中的"./"表示执行的路径为当前目录。

4.3 语音播报

4.3.1 eSpeak 语音合成

eSpeak 是一款紧凑、开源的计算机语音合成软件,提供了比较完整的配置特性,包括大量的语言、语音以及其他选项,方便进行语音定制。在树莓派终端输入命令 **sudo apt-get install espeak** 即可安装 eSpeak 软件。

由于树莓派没有足够的电流来驱动无源喇叭或音箱,通常都是将内置电池或者独立供电的喇叭或音箱连接到树莓派的音频输出接口来播放声音或音乐。如图 4-12 所示,将迷你蓝牙音箱连接到树莓派,将音箱模式设为 AUX。终端输入命令 espeak "hello",音箱会播放

图 4-12　树莓派连接蓝牙音箱

语音合成与
智能小车
远程控制

计算机合成的声音；如果要播放中文可以输入命令 **espeak -vzh "你好"**，输入 **espeak -vzh＋f3 "你好"** 可以听到女性声音。另外，输入 **espeak -f hello.txt** 可以完整地播放名称为 hello 的文本文件。如果没有听到声音，则需要检查是否已将树莓派的声音输出设置为 3.5mm 音频接口。

下面以树莓派播报 DHT11 采集的温湿度数据为例进行介绍。新建名为 espeak_dht11.py 的脚本，输入以下内容：

```python
import time
import os
import dht11                                    ＃导入自定义模块

def main():
    dht11.init()
    while True:
        ＃以下是调用获取温湿度数据的函数，并进行数据校验
        dat = dht11.get_readings(18)
        humidity,humidity_point,temperature,temperature_point,check = dht11.data_check(dat)
        tmp = humidity + humidity_point + temperature + temperature_point
        if check == tmp:                        ＃数据有效
            t = time.localtime()                ＃获取当前时间
            h = t.tm_hour
            m = t.tm_min
            say0 = "espeak - vzh 你好!当前时间是" + str(h) + "时" + str(m) + "分"
            os.system(say0)                     ＃os.system()执行say0指定的espeak命令
            say1 = "espeak - vzh 当前温度是" + str(temperature) + "度"
            os.system(say1)
            say2 = "espeak - vzh 当前湿度是百分之" + str(humidity)
            os.system(say2)
        else:
            say3 = "espeak - vzh 当前数据无效"
            os.system(say3)
        time.sleep(5)

if __name__ == '__main__':
    main()
```

运行程序，可以听到音箱播报当前时间以及温湿度信息，但 eSpeak 合成语音效果一般，听起来并不是很清晰。为了得到流畅清晰的声音，可以使用百度在线语音合成工具。

4.3.2 百度在线语音合成

百度 AI 平台提供了高度拟人、流畅自然的语音合成服务，可以满足智能硬件语音播报的需求(https://ai.baidu.com/tech/speech/tts_online)。在使用百度在线语音合成工具之

前需要进行必要的配置,具体过程如下:首先,如图 4-13(a)所示,单击"立即使用"按钮后提示百度账号登录(如果没有百度账号需要先注册再登录);然后,在应用列表栏中单击"创建应用",输入相关信息并完成接口选择,如图 4-13(b)所示,单击下方的"立即创建"按钮将返回到应用列表,并显示系统授权的 AppID、API Key 和 Secret Key 信息;单击最右端操作栏下的"管理"按钮可以查看应用详情,如图 4-13(c)所示。需要说明的是,若图 4-13(c)中"API 列表"中"语音合成"所在行的"调用量限制"(箭头标识处)无次数显示,则表示无法免费试用语音合成工具,可以在如图 4-13(b)所示页面的"概览"→"可用服务列表"中领取免费额度,得到免费调用次数。

(a) 在线语音合成页面

(b) 创建应用

(c) 授权信息与API列表

图 4-13　百度在线语音合成配置过程

为了调用百度在线语音合成工具,需要先安装语音合成 Python SDK,执行 **sudo pip3 install baidu-aip** 即可(该开发包依赖 requests 库)。此外,还可以通过命令 **sudo apt-get install mplayer** 在树莓派上安装 MPlayer 来播放语音,它是一款开源的多媒体播放器,可以播放

MP3音乐或者WAV等其他音频文件。创建baidu_speech_test.py脚本,输入以下内容进行测试:

```python
import requests
import os
import sys
'''
client_id为官网获取的API Key,client_secret为官网获取的Secret Key
读者需要将下面语句中的「」替换成自己的API Key和Secret Key
'''
host = 'https://aip.baidubce.com/oauth/2.0/token?grant_type=client_credentials&client_id=「」&client_secret=「」'
response = requests.get(host)                    #发起应用请求
print("正在获取密码...")
if response:
    print(response.json())
    token = response.json()['access_token']     #提取出token的内容
    print(token)
'''
下面语句中tex是要合成的语音内容,per是声音的性别(1是男,0是女),默认为女,
pit是音调,spd是语速,调节范围都是1~9;
sys.argv[1]是需要语音合成的内容,作为命令行的参数
token就是前面提取出token的内容
'''
url = '\"' + "http://tsn.baidu.com/text2audio?tex=" + '\"' + sys.argv[1] + '\"' + "&lan=zh&per=0&pit=7&spd=5&cuid=***&ctp=1&tok=" + token + '\"'
os.system("mplayer " + "%s" %(url))             #运行MPlayer播放sys.argv[1]指定的内容
```

在终端输入命令行 **python3 baidu_speech_test.py 你好,我是树莓派**,就会听到女声播报"你好,我是树莓派",声音非常自然、清楚。命令行中的"你好,我是树莓派"作为参数,对应代码中的sys.argv[1],如果需要合成并播放其他的语音,只需修改该参数的内容即可。

注意:如果出现"Couldn't resolve name for AF_INET6"的错误提示,是因为MPlayer编译时默认打开了IPv6支持,在使用MPlayer时是支持双协议的(AF_INET是IPv4,而AF_INET6是IPv6)。解决的办法是修改/etc/mplayer/mplayer.conf文件,在文件的最后增加一行"prefer-ipv4=1"即可,表示优先使用IPv4。

接下来,调用百度在线语音合成工具再次实现树莓派播报DHT11采集的温湿度数据。创建baidu_speech.py脚本,输入以下代码:

```python
from aip import AipSpeech
import os
import time
```

```python
import dht11                                    # 导入自定义模块

# 将下面星号部分替换成读者自己的 APP_ID,API_KEY 和 SECRET_KEY
APP_ID = '******'
API_KEY = '**********'
SECRET_KEY = '*******'
aipSpeech = AipSpeech(APP_ID, API_KEY, SECRET_KEY)      # 创建 AipSpeech 对象

# 利用百度 aip 将文字转化成 MP3 文件
def stringToMp3(strings_txt):
    result = aipSpeech.synthesis(strings_txt,'zh','1',{'vol':8,'spd':5})
                                                # 语音合成参数设置
    if not isinstance(result,dict):    # 成功则返回二进制语音,否则返回 dict 类型的错误码
        with open('audio.mp3','wb') as f:       # 将二进制语音保存为 MP3 文件
            f.write(result)

def main():
    dht11.init()
    while True:
        dat = dht11.get_readings(18)
        humidity,humidity_point,temperature,temperature_point,check = dht11.data_check(dat)
        tmp = humidity + humidity_point + temperature + temperature_point
        if check == tmp:
            t = time.localtime()
            h = t.tm_hour
            m = t.tm_min
            say0 = "你好!当前时间是" + str(h) + "时" + str(m) + "分 "
            say1 = "温度" + str(temperature) + "度 "
            say2 = "湿度百分之" + str(humidity)
            say = say0 + say1 + say2             # 将当前时间、温湿度数据组合成文本
        else:
            say = "你好,当前温湿度数据无效"
        stringToMp3(say)                         # 将文本转化成 MP3 文件
        os.system('mplayer audio.mp3')           # 播放合成的语音文件
        time.sleep(10)
if __name__ == '__main__':                       # 程序入口
    main()
```

4.4 智能小车搭建与远程控制

为了给树莓派和电机供电,智能小车使用的是 2200mAh 的锂电池,如图 4-14 所示。锂电池组输出的 7.4V 电压分为两路:一路直接连接到电机驱动模块,另一路经过 DC-DC 降

压模块转换为 5V 为树莓派供电。降压模块如图 4-15 所示，其输入电压范围 4～38V，输出电压范围 1.25～35V 连续可调，输入电压必须比输出电压高 1.5V 以上，输出电流最大可达 5A，具有过热保护和短路保护功能。读者可自行选择树莓派小车的电池和电源转换模块，保证满足系统供电需求即可。

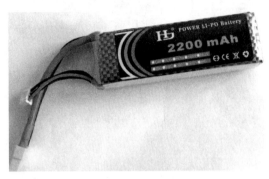

图 4-14 锂电池

图 4-15 DC-DC 降压模块

前面章节介绍了多种传感器的使用方法，考虑到部分传感器采集的参数有重复，加之树莓派与传感器都由锂电池供电，为避免电能消耗过快，在搭建树莓派智能小车时没有使用前面介绍的全部传感器。将电池、降压模块以及选定的传感器模块安装固定到如图 4-10 所示的小车底板上，搭建好的智能小车如图 4-16 所示，其中选择的传感器模块包括 GPS 模块、空气质量检测模块、数字指南针、超声波模块、带云台的摄像头以及蓝牙音箱。智能小车综合了运动控制、参数采集、触发开启摄像头、语音播报等功能，具体情况如表 4-2 所示。读者可以根据需要，更换传感器模块并调整小车的相关功能。

图 4-16 树莓派智能小车

表 4-2 智能小车的功能

传感器模块	实现功能	说明
GPS	小车定位	输出经过坐标转换后的经纬度
数字指南针	小车前进方向	顺时针偏离正北方的角度
空气质量检测	空气质量指标检测	包括 7 个参数
电机驱动	控制小车运动	f：前进，b：后退，r：右转，l：左转，p：制动
二自由度云台	控制摄像头转动	a：左转，d：右转，w：上转，x：下转，s：回中心位置
超声波	障碍物检测与测距	探测前方障碍物的距离
	触发开启摄像头	前方 20cm 内检测到障碍物，开启摄像头
蓝牙音箱	播报小车运动状态	小车接收到的运动控制指令
	播报监测参数	经纬度、航向、障碍物距离、温湿度以及 PM2.5
	提示摄像头工作状态	摄像头开启时提示打开浏览器实现网络视频监控

下面给出智能小车远程控制的应用实例。创建 Python 脚本 smart_car.py，采用多线程实现小车执行多个任务，代码如下：

```
import requests
import sys
import os
import time
import threading
import subprocess
import termios
import tty
import gps
from hcsr04 import HCSR04
from hmc5883l import HMC5883
from motor_PWM import MotorPWM
from servoctrl import ServoCtl
from air_quality_senor import Multisensor

flag1 = False                          #障碍物检测标志位
flag2 = False                          #远程视频监控启动标志位
flag3 = False                          #语音开启标志位
current_path = os.getcwd()             #当前工作目录
path = current_path + '/pistreaming'   #server.py 所在目录
host = 'https://aip.baidubce.com/oauth/2.0/token?grant_type=client_credentials&client_id=「」
&client_secret=「」'                    #「」替换成读者的 API Key 和 Secret Key

def speech(strings_txt):               #百度语音合成
    global host,flag3
    if flag3:
        response = requests.get(host)
```

```python
        if response:
            token = response.json()['access_token']
        url = '\"' + "http://tsn.baidu.com/text2audio?tex = " + '\"' + strings_txt + '\"' + \
              "&lan = zh&per = 0&pit = 7&spd = 5&cuid = *** &ctp = 1&tok = " + token + '\"'
        os.system("mplayer " + " % s" % (url))              # 播放语音
    else:
        pass

def getchar():                                              # 接收按键(无须回车确认)
    fd = sys.stdin.fileno()
    old_settings = termios.tcgetattr(fd)
    try:
        tty.setraw(fd)
        ch = sys.stdin.read(1)
    finally:
        termios.tcsetattr(fd, termios.TCSADRAIN, old_settings)
    return ch

def control():
    global flag2,flag3
    pwm = MotorPWM(duty = 50)
    servo_pan = ServoCtl(channel = 32)
    servo_tilt = ServoCtl(channel = 36)
    while True:
        key = getchar()                                     # 获取键盘输入
        if key == 'f':                                      # 小车运动控制
            pwm.forward()
            speech("小车前进")
            time.sleep(1)
        elif key == 'b':
            pwm.backward()
            speech("小车后退")
            time.sleep(1)
        elif key == 'r':
            pwm.right()
            speech("小车右转")
            time.sleep(0.3)
            pwm.stop()                                      # 防止小车一直转弯
        elif key == 'l':
            pwm.left()
            speech("小车左转")
            time.sleep(0.3)
            pwm.stop()
        elif key == 'p':
            pwm.stop()
            speech("小车停止")
```

```python
        elif key == 'a' and flag2:              # 云台控制,在摄像头开启时才有效
            servo_pan.setServo(1)
            speech("摄像头往左")
        elif key == 'd' and flag2:
            servo_pan.setServo(2)
            speech("摄像头往右")
        elif key == 'w' and flag2:
            servo_tilt.setServo(1)
            speech("摄像头往下")
        elif key == 'x' and flag2:
            servo_tilt.setServo(2)
            speech("摄像头往上")
        elif key == 's' and flag2:
            servo_pan.setServo(0)
            servo_tilt.setServo(0)
            speech("摄像头归位")
        elif key == 'v':                         # 开启/关闭语音功能
            flag3 = ~flag3
        elif key == 'q':                         # 退出程序
            os._exit(0)
        else:
            pass

def detection():
    global flag1,flag2
    hcsr04 = HCSR04()
    while True:
        if hcsr04.readDistanceCm() <= 20:        # 在20cm范围内检测到障碍物
            flag1 = True
            say = "前方" + str(hcsr04.readDistanceCm()) + "厘米检测到障碍物"
            speech(say)                          # 语音提示障碍物距离
            if not flag2:
                os.chdir(path)                   # 切换到server.py所在目录
                p = subprocess.Popen(['python3', 'server.py'])   # 创建并运行视频监控进程
                flag2 = True                                     # 远程视频监启动
                speech("摄像头已开启,请打开浏览器查看")           # 语音提示打开浏览器
        else:
            flag1 = False
        time.sleep(2)
        if not flag1 and flag2:                  # 未检测到目标且远程视频监控已开启
            p.kill()                             # 终止视频监控进程
            flag2 = False                        # 关闭远程视频监控
            speech("摄像头已关闭")                # 语音提示摄像头关闭

def get_data():
    multisensor = Multisensor()
```

```python
            hmc = HMC5883()
            while True:
                if gps.GPS() is None:                       #没有GPS信号时(如室内)无经纬度的返回值
                    say0 = "GPS定位失败"
                    say1 = ","
                else:
                    position_lng,lng,position_lat,lat = gps.GPS()        #经纬度
                    if lng == "E":
                        say0 = "当前位置是东经" + str(position_lng) + "度,"
                    else:
                        say0 = "当前位置是西经" + str(position_lng) + "度,"
                    if lat == "N":
                        say1 = "北纬" + str(position_lat) + "度,"
                    else:
                        say1 = "南纬" + str(position_lat) + "度,"
                bearing = hmc.read_HMC5883_data()                        #航向角
                say2 = "小车航向偏北" + str(bearing) + "度,"
                co2,tvoc,ch20,pm25,pm10,humidity,temp = multisensor.read_sensor_data()  #空气指标
                say3 = "主要空气指标参数如下,pm2.5为" + str(pm25) + ",温度" + str(temp) + "度,
                " + "湿度百分之" + str(humidity)
                say = say0 + say1 + say2 + say3
                speech(say)                                 #语音播报经纬度、航向、温湿度以及PM2.5
                time.sleep(10)

        if __name__ == "__main__":
            thread1 = threading.Thread(target = control)    #创建线程
            thread2 = threading.Thread(target = detection)
            thread3 = threading.Thread(target = get_data)
            thread1.start()                                 #启动线程
            thread2.start()
            thread3.start()
            thread1.join()                                  #阻塞主线程,等待子线程都完成
            thread2.join()
            thread3.join()
```

以上代码创建了3个线程,分别完成小车/云台控制、障碍物检测以及传感器数据采集任务。按下键盘V键可以开启或关闭语音播报功能,通过相应的按键可以控制小车运动;当超声波传感器检测到障碍物时会创建并运行视频监控进程,开启摄像头实现网络视频监控,此时还可以通过按键控制云台调整摄像头视角,当不再检测到障碍物时将终止视频监控进程并关闭摄像头;此外,智能小车每隔10s采集GPS、航向角以及空气指标参数,在语音播报功能开启的情况下播报获取的参数信息。

4.5 开机自启动

在实际应用中,往往希望在树莓派上电启动时自动运行程序,而不是通过使用者输入命令进行操作,这就需要实现Python脚本的开机自启动。下面介绍一种实现树莓派上电后

自动运行智能小车远程控制程序的方法，机制上类似于在 Windows"开始"菜单的"启动"中添加程序。具体过程如下：在终端输入命令 **mkdir .config/autostart**，在/home/pi/.config 下新建名为 autostart 的目录，并创建启动器（一个以.desktop 为扩展名的文件），命令格式为 **sudo nano .config/autostart/pi_car.desktop**，然后输入以下内容：

```
[Desktop Entry]
Encoding=UTF-8
Type=Application
Name=pi_car
Exec=lxterminal -e bash -c 'python3 /home/pi/Documents/pi/smart_car.py; $SHELL'
Terminal=true
```

上述代码 Exec 行中 python3 /home/pi/Documents/pi/smart_car.py 为树莓派启动时自动运行的程序（使用绝对路径），读者在使用时替换成自己要执行的脚本(.py 文件)即可。要注意该行的格式，不要遗漏中间的分号(;)，行首的 lxterminal 是保证树莓派开机时启动终端，进而在终端中执行脚本，而行尾的 $SHELL 是保证打开的终端会一直显示。需要说明的是，如果脚本运行需要访问互联网，可以在代码起始部分添加 time.sleep()命令，让程序等待一段时间再执行，确保可以连接到网络。

重启树莓派，就可以直接对小车进行控制了，各项功能与 4.4 节中完全一致。由于开机启动时默认的当前目录为/home/pi，因此 smart_car.py 中的 path 需要更换成 server.py 脚本的绝对路径或者将 pistreaming 目录复制到/home/pi 目录下，否则会报错导致无法启动网络视频监控进程。

第 5 章 树莓派物联网监测

树莓派物联网监测系统

本章以第 4 章搭建的智能小车作为监测节点,在树莓派内部搭建 LAMP(Linux＋Apache＋MySQL＋PHP)服务器,编写 Web 端监控软件,软件前端发送指令至树莓派服务器后端进行解析,实现远程数据采集、传输以及对监测节点的控制。

5.1 服务器环境搭建

LAMP 架构包括 Linux 操作系统、Apache 网络服务器、MySQL 数据库以及 PHP 编程语言,是目前最为成熟的网站应用模式,能够提供动态 Web 站点服务及其应用开发环境,具有通用、跨平台、高性能的优势。本节使用 LAMP 来构建树莓派 Web 端监控界面,即在 Linux 下开发网站,由 Apache HTTP 服务器提供内容,在 MySQL 数据库中存储内容,用 PHP 来实现程序逻辑。

5.1.1 安装 Apache 服务器

Apache 是一个开源的网页服务器软件,可以通过 HTTP 协议提供 HTML 文件服务。Apache 可以在大多数计算机操作系统中运行,也支持树莓派网页服务。由于其多平台和安全性而被广泛使用,并且可通过简单的 API 扩展,将 Perl/Python 等解释器编译到服务器中。树莓派安装 Apache 服务器的步骤如下:

(1) 在终端输入 **sudo apt-get update** 更新源列表,然后输入 **sudo apt-get install apache2 -y** 安装 Apache。

(2) 安装完成后,需要测试 Apache 服务器是否安装成功。在树莓派浏览器的地址栏输入"127.0.0.1"或"localhost"访问 Apache 服务器,若出现如图 5-1 所示界面,则表示 Apache 服务器安装成功。

在终端输入命令 **sudo service apache2 status** 可以查看 Apache 服务器的状态,分别输入 **sudo service apache2 start/stop/restart** 来控制 Apache 服务器的启动、停止或重启。

5.1.2 安装 MySQL 数据库

数据库是按照数据结构来组织、存储和管理数据的仓库,用户可以对数据库中的数据进

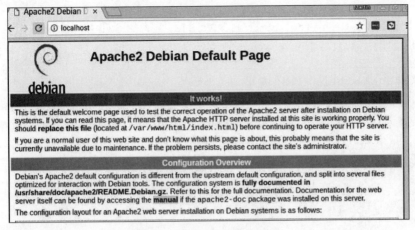

图 5-1　访问 Apache 服务器

行增、删、查、改等操作。MySQL 是最流行的关系型数据库管理系统应用软件之一，因其体积小、速度快、开源的特点，在中小型网站数据库开发中被广泛使用。在树莓派上安装 MySQL 数据库的步骤如下：

（1）在终端输入命令 **apt-get install mariadb-server**（mariadb 是发展最快的 MySQL 分支版本），待安装完成后，输入 **sudo nano /etc/apache2/apache2.conf** 打开 Apache 服务器的配置文件，将文件中的"AllowOverride None"修改为"AllowOverride All"，如图 5-2 所示。

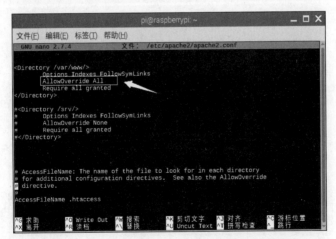

图 5-2　配置 Apache 服务器

（2）在终端输入 **sudo mysql -u root -p** 命令后直接按 Enter 键即可登录 MySQL 数据库（初始登录时的默认密码为空）。

（3）在数据库命令行输入 **update mysql.user set plugin='mysql_native_password'**；重置加密方式，再输入 **update mysql.user set password=PASSWORD("12345678") where User='root'**；来更改数据库用户名和密码（本章案例使用的用户名/密码为 root/12345678，读者可

自行设定)。

(4) 最后再输入 **flush privileges**;来刷新权限信息,在键盘上按 Ctrl+C 组合键退出数据库。需要说明的是,对数据库进行操作的命令要以分号结尾。

> **注意**:如果出现 MySQL 登录 ERROR 1045 (28000): Access denied for user 'root'@'localhost' (using password)问题,可以输入 sudo nano /etc/mysql/mariadb.conf.d/50-server.cnf 打开配置文件,找到[mysqld]配置项并在该项下添加 skip-grant-tables,然后保存文件。输入 sudo service mysql restart 重启 MySQL,再次输入 sudo mysql -u root -p 命令,当需要输入密码时,直接按 Enter 键便可以不用密码登录到数据库中。

5.1.3 安装 PHP

PHP 是一种基于服务器端来创建动态网站的脚本语言,具有开源免费、简单易懂、跨平台性强的特点。PHP 使用非常广泛,兼容几乎所有的 Web 服务器,支持几乎所有流行的数据库以及操作系统。当服务器通过浏览器收到网页请求时,PHP 解析出需要在页面上显示的内容,然后将该页面发送到浏览器。PHP 是将程序嵌入到 HTML 文档中去执行的,可以比 CGI 或者 Perl 更快速地执行动态网页。树莓派安装 PHP 的步骤如下:

(1) 在终端输入 **sudo apt-get install php php-mysql** 完成 PHP 和 MySQL 连接库的安装。

(2) 为了测试 PHP,输入 **sudo nano /var/www/html/test.php**,在文本编辑器中输入以下内容:

```
<?php
echo "hello!";
echo "欢迎来到树莓派的世界"
?>
```

(3) 在浏览器中访问"http://192.168.137.3(树莓派 IP 地址)/test.php",若出现如图 5-3 所示界面则代表 PHP 测试成功。需要说明的是,后文中网站开发的源程序文件都必须存放到树莓派/var/www/html 目录下才能正常访问。

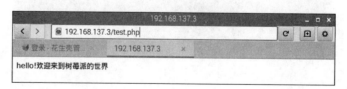

图 5-3　PHP 测试

5.1.4 安装 phpMyAdmin

phpMyAdmin 是一个以 PHP 为基础的 MySQL 数据库管理工具,让用户以 Web 接口管理 MySQL 数据库。通过 phpMyAdmin 可以对数据库进行增、删、查、改等操作。树莓派安装 phpMyAdmin 的步骤如下：

（1）在终端输入 **sudo apt-get install phpmyadmin** 安装 phpMyAdmin，如图 5-4 所示，选择 apache2 后按空格键确定，随后选择默认选项并一直按 Enter 键直到界面关闭。

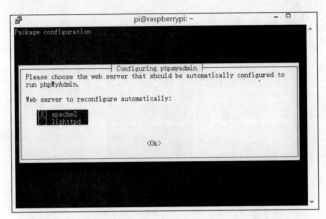

图 5-4　选择 apache2

（2）安装完成后，需要将 phpmyadmin 链接到 /var/www/html 目录下，命令为 **sudo ln -s /usr/share/phpmyadmin /var/www/html**。

（3）登录 phpmyadmin，在浏览器地址栏输入"树莓派 IP 地址/phpmyadmin"出现如图 5-5 所示的界面，输入之前在安装 MySQL 数据库时设置好的用户名和密码（root/12345678）登录即可，接下来即可在数据库管理界面中进行数据的相关操作，如图 5-6 所示。

图 5-5　phpMyAdmin 登录界面

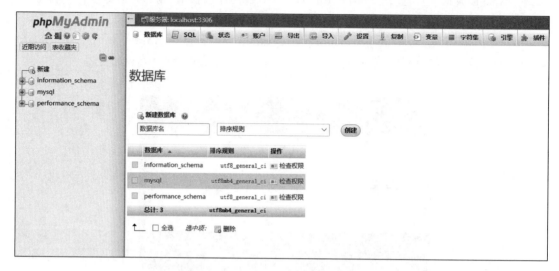

图 5-6　数据库管理界面

经过上述步骤,网站所需的开发环境 LAMP 就已搭建完成。

5.2　树莓派状态读取

为了保证网站服务器稳定可靠地运行,有必要对树莓派的工作状态进行实时监测。Pi Dashboard(Pi 仪表盘)是一款开源的物联网设备监控工具,主要用于树莓派平台以及其他树莓派硬件产品。只需在树莓派上配置好 PHP 环境,就可方便地部署 Pi 仪表盘,并通过 WebUI 来监控树莓派的状态。目前,Pi 仪表盘的监测项包括 CPU 基本信息、状态和使用率,内存、缓存、SWAP 分区、SD 卡使用情况,网络接口的实时数据以及树莓派主机名、操作系统、IP 地址、运行时间等信息。

要实现树莓派状态的读取,首先需要安装 Apache 和 PHP,具体步骤已在 5.1 节中做了介绍,此处不再赘述。然后,在终端输入 **cd /var/www/html** 命令切换到相应的目录,接着输入 **sudo git clone https://github.com/nxez/pi-dashboard.git** 直接通过 GitHub 下载 Pi Dashboard 项目的源码到树莓派的/var/www/html 目录下。

在树莓派中部署好 Pi Dashboard 后,通过 http://树莓派 IP/pi-dashboard 即可访问 Pi 仪表盘,如图 5-7 所示。如果页面无法正常显示,则可以尝试在树莓派终端进行如下操作: 先切换到/var/www/html 目录,再执行命令 **sudo chown -R www-data pi-dashboard**。该命令会将 pi-dashboard 目录及其下面的所有文件与子目录的所有者更改为 www-data (apache2 的运行用户是 www-data)。

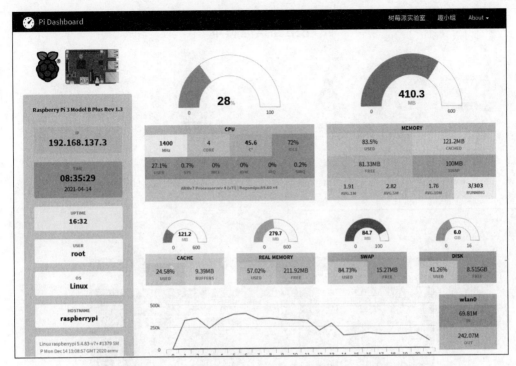

图 5-7　Pi Dashboard 界面

5.3　内网穿透

　　LAMP 服务器搭建好以后只能在局域网内才可以访问网站,如果需要实现外网访问,则可以使用内网穿透的方法来解决。内网穿透就是进行网络地址转换,将内部网络的私有 IP 地址转换为公网 IP 地址,让外网的终端设备能够访问本地的应用。内网穿透可以通过开放的第三方端口来实现。最常用的方法是安装花生壳内网穿透软件,再添加映射并配置映射端口的信息,外网地址是映射之后访问的域名,这样就可以像平常浏览网页一样通过域名来访问在树莓派上搭建的网站。

　　花生壳内网穿透的操作步骤如下:

　　(1) 打开花生壳下载页面(https://hsk.oray.com/download/),选择并下载树莓派 5.0 版本(应用平台选择 Raspberry Pi 32 位),如图 5-8 所示。将下载的安装包通过 FileZilla 或 Samba 传输到树莓派中。

　　(2) 输入命令 **sudo -s** 切换到管理员权限,使用 cd 命令切换到安装包所在的目录,输入安装命令 **dpkg -i phtunnel_5_0_rapi_armhf.deb**。安装成功后,会显示花生壳的 SN 码、默认密码(admin)以及远程管理地址 http://b.oray.com,如图 5-9 所示。

　　(3) 输入命令 **phddns** 可以看到扩展功能,phddns start(启动) | status(状态) | stop(停

图 5-8 树莓派版花生壳

图 5-9 安装树莓派版花生壳

止)|restart(重启)|reset(重置)|enable(开机自启动)|disable(关闭开机自启动)|version(版本),如图 5-10 所示,输入相应命令即可实现对应的功能。

(4) 添加内网穿透映射,具体过程如下:

① 花生壳安装完成后,复制生成的 SN 码,在浏览器中访问远程管理地址 http://b.oray.com,在页面中输入 SN 码与默认密码(admin)登录,如图 5-11 所示。

② 如果是首次登录,则需要通过扫码方式或者密码方式进行激活。前者是指使用花生壳管理 APP 或微信进行扫码激活;后者是输入已注册的 Oray 账号和密码激活,如图 5-12 所示。

③ 激活成功后,进入花生壳管理平台。若绑定 SN 码的账号只需要动态域名解析功能,直接单击页面中的"免费开通"按钮,如图 5-13 所示。还可以根据需要直接将账号升级为带有内网穿透功能的服务版本。

图 5-10　花生壳功能操作

图 5-11　登录花生壳

④ 开通内网穿透体验版后的界面如图 5-14 所示,单击页面上的"增加映射"按钮,根据页面提示填写映射所需的信息。

下面以映射树莓派 HTTP 服务为例进行说明,如图 5-15 所示,自定义应用名称,自行选择应用图标,映射类型选择 HTTP,外网域名是指用户申请用作外网访问的域名,外网端口选择默认的 80,内网主机为树莓派的内网 IP 地址,内网端口是映射类型对应的 80 端口,带宽默认为 1Mb/s(可购买额外的映射带宽)。确认映射内容无误后,单击"确定"按钮。

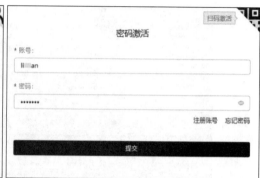

图 5-12 激活方式

图 5-13 开通内网穿透功能

图 5-14 增加映射

⑤ 添加映射完成后,生成格式为"域名+端口号"的外网访问地址,如图 5-16 所示。完成上述步骤后,在浏览器地址栏输入域名就可以实现外网访问树莓派了。

第5章 树莓派物联网监测 119

图 5-15 映射配置

图 5-16 完成内网穿透

5.4 Web 软件开发

　　Web 页面呈现给用户的画面称为前端，开发前端界面需要掌握 HTML、CSS、JavaScript 等基础编程语言，其中 HTML 定义网页的内容，CSS 规定网页的布局与样式，JavaScript 对网页逻辑行为进行编程。在前端界面中单击按钮、新增/修改信息等操作需要后台解析，这些对用户是不可见的，称为后端。后端开发一般涉及数据库设计与 PHP 语言编程。前端、后端以及数据库设计完成后，需要将源代码部署到服务器才能正常运行和访问。

本案例中设计的 Web 软件包括实时监测图表、远程控制、树莓派运行状态 3 个功能模块，页面布局如图 5-17 所示。要实现这些功能需要在树莓派/var/www/html 目录下创建 html、css、js 等必要的文件，文件目录如图 5-18 所示。此外，还需要创建 Python 脚本文件完成 Web 软件与树莓派之间的交互。所有文件的目录结构及其实现功能如图 5-19 所示。

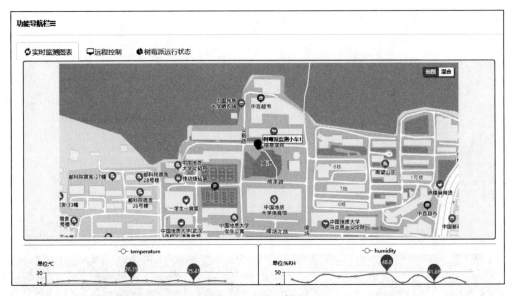

图 5-17　页面布局

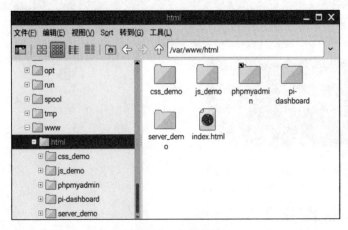

图 5-18　文件目录

　　图 5-19(a)中的所有文件都在计算机端的 VS Code 环境下进行开发设计，如图 5-20 所示，然后再上传到树莓派/var/www/html 下对应的目录中；图 5-19(b)中 Python 脚本文件直接在 Python3 IDLE 中编写，并保存在相应的目录中。如果读者自行修改了 Python 脚本存放的路径，则需要在后面的代码中做相应的调整。

(a) Web软件

(b) Python脚本

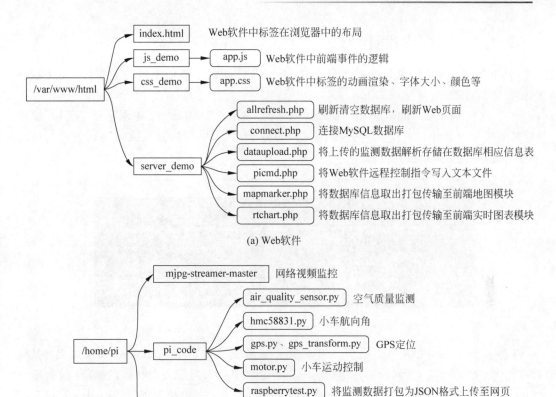

图 5-19　文件结构与功能

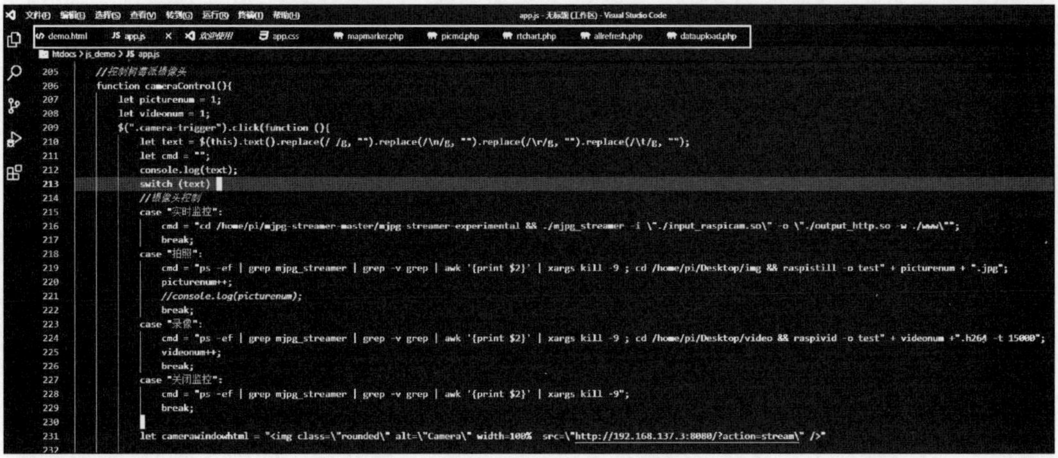

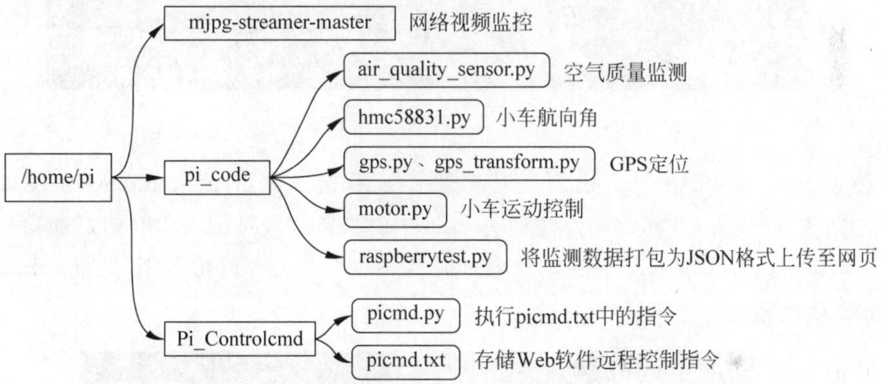

图 5-20　VS Code 开发环境

5.4.1 数据库设计

Web 软件使用 MySQL 数据库存储、查看以及更新监测节点上传的数据，需要在数据库中创建信息表，具体过程如下：

(1) 在终端输入 **sudo mysql -u root -p** 后按 Enter 键确认，会要求输入密码。前面 MySQL 安装过程中已将用户名 root 的密码设置为"12345678"，输入该密码登录成功后将会看到如图 5-21 所示的界面。

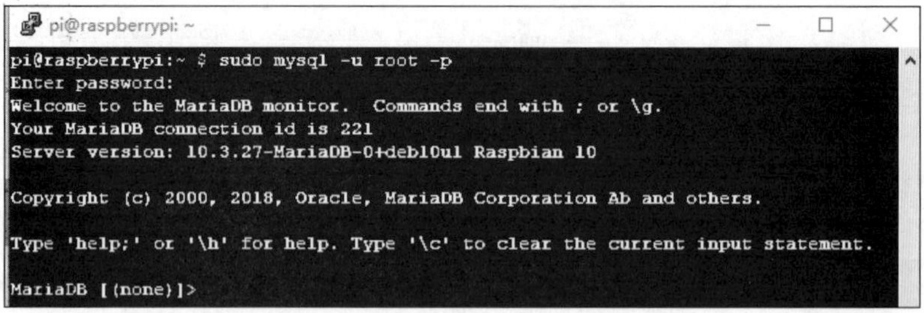

图 5-21 数据库登录成功

(2) 使用 create database 语句创建数据库，命令格式为 **create database 数据库名**（**其他选项**）；，如图 5-22 所示，创建了一个名为 demo 的数据库。创建成功时，数据库终端会输出 "Query OK,1 row affected"。在浏览器地址栏输入"http://树莓派 IP 地址/phpmyadmin"即可看到创建好的数据库，如图 5-23 所示。

图 5-22 创建数据库

图 5-23 phpMyAdmin 显示创建的数据库

(3) 使用 create table 语句创建数据信息表，命令格式为 **create table 表名称**（**列声明**）；，需要说明的是，在创建信息表前要先执行 **use 数据库名**，然后再依次输入以下内容创建名为 rt_node 的信息表。

```
create table rt_node(
        id int(10) unsigned not null auto_increment primary key,
        node_id int(11) not null,
        lng decimal(9,6) not null,
        lat decimal(8,6) not null,
        temperature float(7,2) not null,
        humidity float(7,2) not null,
        co2 float(7,2) not null,
        tvoc float(7,2) not null,
        ch2o float(7,2) not null,
        pm25 float(7,2) not null,
        pm10 float(7,2) not null,
        heading_angle float(7,2) not null,
        time_node timestamp not null
);
```

在数据库终端执行以上命令的结果如图 5-24 所示，创建的信息表用来存储智能小车上传的各种数据信息，说明如表 5-1 所示。

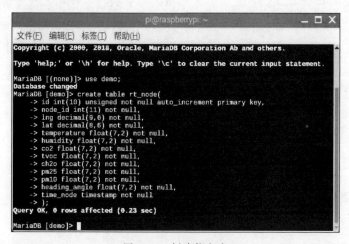

图 5-24 创建信息表

表 5-1 实时数据信息表

字 段 名 称	字 段 定 义	数据类型及长度	特 殊 要 求
id	数据信息编号	int(10)	AUTO_INCREMENT
node_id	监测节点编号	int(10)	NOT NULL
lng	节点经度信息	decimal(9,6)	NOT NULL
lat	节点纬度信息	decimal(8,6)	NOT NULL
temperature	环境温度	float(7,2)	NOT NULL
humidity	环境湿度	float(7,2)	NOT NULL
co2	二氧化碳含量	float(7,2)	NOT NULL

续表

字段名称	字段定义	数据类型及长度	特殊要求
tvoc	挥发性有机物信息	float(7,2)	NOT NULL
ch2o	甲醛含量	float(7,2)	NOT NULL
pm25	空气质量指数 PM2.5	float(7,2)	NOT NULL
pm10	空气质量指数 PM10	float(7,2)	NOT NULL
heading_angle	节点航向角(与正北方的角度)	float(7,2)	NOT NULL
time_node	信息写入时间	timestamp	NOT NULL

5.4.2 地图显示

在 Web 软件中插入百度地图,用气泡在地图中标注出监测节点的位置,当用户单击气泡时会弹出窗口并显示监测节点当前获取的各种数据信息。使用百度地图功能的步骤如下:

(1) 在百度地图开发者平台(http://lbsyun.baidu.com/index.php)申请应用,首先登录百度账户(没有百度账户的用户需要先注册再登录),然后单击页面右上角的"控制台"菜单项,进入如图 5-25(a)所示的界面,单击"创建应用"按钮,按照所需功能和要求依次填写相应内容,如图 5-25(b)所示,其中应用名称可以随意填写,应用类型选择浏览器端,默认全选启动服务,Referer 白名单填写网站的 IP 地址(即树莓派 IP 地址),最后单击"提交"按钮。

(2) 应用创建成功后,就可以看到如图 5-26 所示的应用列表,单击"应用配置"栏中的"设置"按钮,可以对启用服务进行选择和修改,也可以修改和增删"Referer 白名单"(只有在白名单上的域名和 IP 地址才能正常使用百度地图),如图 5-27 所示,其中的"应用 AK"是在网站中嵌入百度地图功能最关键的密钥信息。

(3) 为了统一存放与管理树莓派脚本文件,在树莓派/home/pi 目录下建立 pi_code 子目录,在其中创建脚本 raspberrytest.py 并输入以下代码,将智能小车采集的监测数据打包为 JSON 数据格式,通过 HTTP 协议传输至服务器解析。

```
import requests
import json
import time
import random
import gps                      #从监测节点读取 GPS 信息
import hmc5883l                 #从监测节点读取方向角
import air_quality_senor        #从监测节点读取空气指标参数

url = 'http://192.168.137.3/server_demo/dataupload.php'
headers = {'content-type': "application/json", 'charset': 'utf-8'}
while True:
    '''读取智能小车传感器采集的数据,具体内容参见本书第 3 章的相关章节,传感器脚本
```

(a) 百度地图应用页面

图 5-25　申请百度地图功能

图 5-26 应用列表

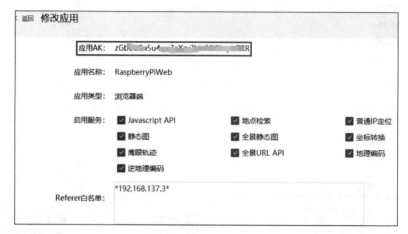

图 5-27 设置应用

```
文件 gps.py、hmc58831.py 以及 air_quality_senor.py 也都存放于 pi_code 目录下'''
hmc = hmc58831.HMC5883()
sto = air_quality_senor.Multisensor()
angle = hmc.read_HMC5883_data()
sto_co2,sto_tvoc,sto_ch20,sto_pm25,sto_pm10,sto_humidity,sto_temp = 
                    sto.read_sensor_data()
gps_lng,lng_EW,gps_lat,lat_NS = gps.GPS()

body = {"node_id" : "1",
        "lng" : gps_lng,
        "lat" : gps_lat,
        "temperature" : sto_temp,
        "humidity" : sto_humidity,
        "co2" : sto_co2,
        "tvoc" : sto_tvoc,
        "ch2o" : sto_ch20,
        "pm25" : sto_pm25,
        "pm10" : sto_pm10,
        "heading_angle" : angle
    }

response = requests.post(url, data = json.dumps(body), headers = headers)
```

(4) 在树莓派/var/www/html/server_demo 目录下创建 dataupload.php 文件，内容如下：

```php
<?php
//连接数据库
require('connect.php');
$post_array = file_get_contents("php://input");

//查询数据库
mysqli_select_db($conn, 'demo');
//解析 JSON,获取对应的变量值
$obj = json_decode($post_array, TRUE);
//得到 Json_list 数组长度
$num = count($obj);

$k = nKey();
$v = nValue();
mysqli_query($conn, 'INSERT INTO rt_node ('.$k.') VALUES ('.$v.')');
//将 JSON 数据的键拼接成字符串
function nKey(){
    global $obj, $num;
    $k = '';
    for($i = 0; $i < $num; $i++){
        if($i == $num - 1){
            $k = $k.key($obj);
            next($obj);
        }elseif($i < $num - 1){
            $k = $k.key($obj);
            $k = $k.',';
            next($obj);
        }
    }
    return $k;
}
//将 JSON 数据的值拼接成字符串
function nValue(){
    global $obj, $num;
    $v = '';
    reset($obj);
    for($i = 0; $i < $num; $i++){
        if($i == $num - 1){
            $v = $v.'"';
            $v = $v.current($obj);
            $v = $v.'"';
            next($obj);
        }elseif($i < $num - 1){
            $v = $v.'"';
```

```
                $v = $v.current($obj);
                $v = $v.'",';
                next($obj);
            }
        }
        return $v;
    }
    // 关闭连接
    mysqli_close($conn);
?>
```

以上代码用于将智能小车上传的监测数据解析存储至数据库信息表中,可通过 phpMyAdmin 查看上传的数据信息,如图 5-28 所示。

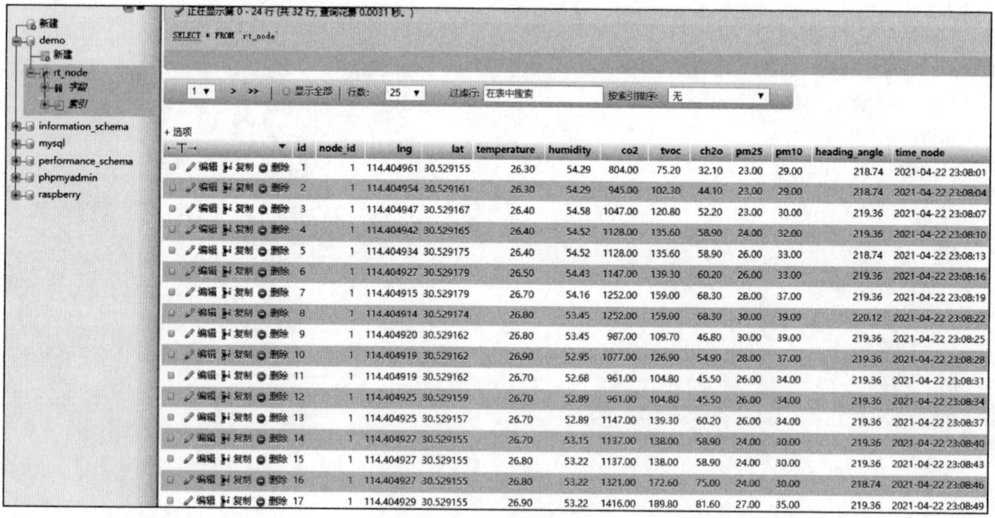

图 5-28 查看监测数据

(5) 在树莓派/var/www/html 目录下的 index.html 文件中(该文件较长,读者可以查看本书配套资源中的完整代码)添加密钥代码< script type="text/javascript" src="//api.map.baidu.com/api?v=2.0&ak=密钥"></script>。

百度地图中数据显示的流程是:先由 Web 前端向后端发起 Ajax 请求,获取数据库中实时数据信息表的监测节点数据;然后,后端将数据以 JSON 字符串的格式打包传输至前端,前端对数据做解析渲染后在百度地图中显示,同时给气泡标注添加单击事件;最后,设置定时器以固定的时间间隔来局部刷新地图界面,实现监测节点信息在地图中的实时显示。

在 js_demo/app.js 文件中对应的前端部分关键代码如下:

```
//百度地图 API 功能
let map = new BMap.Map("allmap");                    //创建 Map 实例
```

```javascript
let point = new BMap.Point(114.404252,30.52761);
map.centerAndZoom(point, 17);              //初始化地图,设置中心点坐标和地图级别
let opts = {
    width : 100,                            //信息窗口宽度
    height: 300,                            //信息窗口高度
    title : ">>>节点信息如下:" ,            //信息窗口标题
    enableMessage:true                      //设置允许信息窗发送短信
};
map.enableScrollWheelZoom(true);            //开启鼠标滚轮缩放
//添加地图类型控件
map.addControl(new BMap.MapTypeControl({
mapTypes:[
    BMAP_NORMAL_MAP,
    BMAP_HYBRID_MAP
]}));
map.setCurrentCity("武汉");                 // 设置地图显示的城市,此项必须设置
```

对应的后端代码保存在 server_demo/mapmarker.php 文件中,内容如下:

```php
<?php
header("content-type:application/json");
//连接数据库
require ('connect.php');
//查询数据库
mysqli_select_db( $conn, 'demo' );

//当数据库数据超过一定值清空
$rowsnum = mysqli_fetch_assoc(mysqli_query( $conn,"select count( * ) as num from rt_node"));
if( $rowsnum['num']>= 5000){
    mysqli_query( $conn,'truncate table rt_node');
}

//获取节点数据
$sql = 'SELECT node_id,lng,lat,temperature,humidity,co2,tvoc,ch2o,pm25,pm10,heading_angle FROM rt_node where node_id = 1 ORDER BY id DESC LIMIT 0,1';
$result = mysqli_query( $conn, $sql);
$results = array();
$row = mysqli_fetch_assoc( $result);
$results[0] = $row;
//将数组转成JSON格式
$json = json_encode( $results);
//关闭连接
mysqli_close( $conn);
echo $json;
?>
```

地图显示功能最终效果如图 5-29 所示,其中图 5-29(a)标识监测节点在地图中的位置,图 5-29(b)是单击气泡时在弹出窗口中显示节点的监测数据。

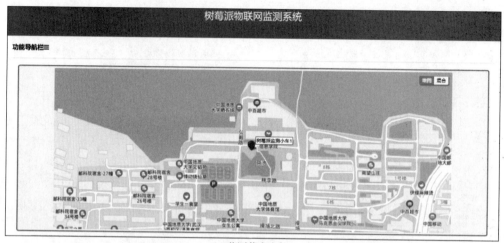

(a) 监测节点定位

(b) 显示监测数据

图 5-29　地图显示效果

5.4.3　监测数据图表显示

通过在 Web 软件中加入监测数据实时图表显示的功能,可以直观地查看监测节点采集的数据及其变化趋势。ECharts 是百度旗下的一个基于 JavaScript 的开源数据可视化工具,能够在计算机端和移动设备上流畅运行,可以提供直观、生动、可交互以及个性化定制的数据可视化图表(读者可以访问 https://echarts.apache.org/zh/index.html 查看使用教程和示例)。使用 ECharts.js 可以方便地将折线图嵌入到 Web 软件中。

实现监测数据折线图显示,需要在 index.html 文件< head >标签中添加< script src="https://cdn.bootcss.com/echarts/4.2.1-rc1/echarts.min.js"> </script >来引入 ECharts.js。

实时数据图表显示的流程如下：前端将节点编号与传感器数据类型通过 Ajax 请求传输至后端服务器；后端接收数据后与数据库中实时数据信息表的最新监测数据进行匹配，并将监测数据取出打包为 JSON 字符串格式回传；前端根据传感器数据种类在界面创建相应数量的 div 图表容器，将回传数据解析后分别写入容器中进行图表渲染。为了实时显示数据图表，设置了 setInterval 定时器，以 500ms 的时间间隔与后端建立长连接，不断获取最新的节点数据。此外，为了方便用户分析数据，在图表中标识出了数据的极值，图表更新过程中的最大值和最小值会以气泡的形式渲染。

图表显示功能在 js_demo/app.js 文件中对应的前端关键代码如下：

```javascript
let clear = setInterval(function(){
    $.ajax({
        //请求方式
        type:"GET",
        //文件位置
        url:"server_demo/rtchart.php?q=" + nodeid + "&v=" + ntype,
        //返回数据格式为 JSON,也可以是其他格式
        dataType: "json",
        //请求成功后要执行的函数
        success:function(result){
            if(result.length != 0){
                $.each(result, function(i,item){
                    rt = item["time_node"].split(" ")[1];
                    if(rt != xdata[11]){
                        xdata.shift();
                        ydata.shift();
                        ydata.push(item[ntype]);
                        xdata.push(rt);
                    }
                });
            }}
    });
    myChart.setOption({
        xAxis: {data: xdata},
            series: [{data: ydata}]
    });
},500);
```

对应的后端代码保存在 server_demo/server/rtchart.php 文件中，内容如下：

```php
<?php
header("content-type:application/json");
$q = isset($_GET["q"]) ? intval($_GET["q"]) : '';
$v = isset($_GET["v"]) ? strval($_GET["v"]) : '';
//连接数据库
```

```php
require ('connect.php');
//查询数据库
mysqli_select_db( $ conn, 'demo' );
//当数据库数据超过一定值时清空
 $ rowsnum = mysqli_fetch_assoc(mysqli_query( $ conn,"select count( * ) as num from rt_node"));
if( $ rowsnum['num']> = 5000){
    mysqli_query( $ conn,'truncate table rt_node');
}
//节点数据类型
 $ type = ["temperature","humidity","co2","tvoc","ch2o","pm25","pm10","heading_angle"];
 $ t_num = count( $ type);
for( $ i = 0; $ i < $ t_num; $ i++){
    if( $ v == $ type[ $ i]){
         $ result = mysqli_query( $ conn,'SELECT '. $ type[ $ i].', time_node FROM rt_node WHERE node_id = "'. $ q.'"'.'ORDER BY id DESC LIMIT 0,1');
         $ results = array();
        while ( $ row = mysqli_fetch_assoc( $ result)) {
             $ results[] = $ row;
        }
        //将数组转成 JSON 格式
         $ data = json_encode( $ results);
        //关闭连接
        mysqli_close( $ conn);
        echo $ data;
    }
}
?>
```

监测数据图表功能最终效果如图 5-30 所示,图中通过折线图实时显示了 7 种环境指标参数以及树莓派小车运动过程中的航向角。

5.4.4 节点远程控制

Web 软件需要具有对监测节点进行远程控制的功能,通过网页上的按钮下达控制指令,例如,开启/关闭摄像头、拍照或录像以及控制智能小车运动。在界面中设置 img 标签来容纳视频监控部分,此外,小车运动控制按钮设置了两种单击事件:按下按钮时触发 mousedown 事件开启节点移动,抬起按钮时触发 mouseup 事件停止节点移动。

监测节点远程控制功能在 js_demo/app.js 文件中对应的前端关键代码如下:

```javascript
//控制树莓派摄像头
function cameraControl(){
    let picturenum = 1;
    let videonum = 1;
     $ (".camera - trigger").click(function (){
```

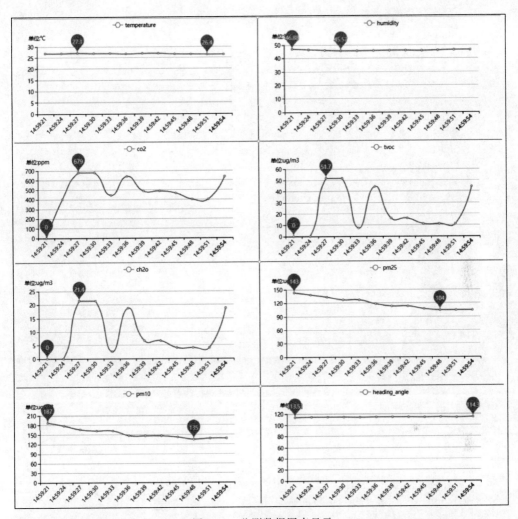

图 5-30　监测数据图表显示

```
        let text = $(this).text().replace(/ /g, "").replace(/\n/g, "").replace(/\r/g, "").replace(/\t/g, "");
        let cmd = "";
        console.log(text);
        switch (text) {
        case "实时监控": #运行 MJPG-streamer 网络视频监控
            cmd = "cd /home/pi/mjpg-streamer-master/mjpg-streamer-experimental && ./mjpg_streamer -i \"./input_raspicam.so\" -o \"./output_http.so -w ./www\"";
            break;
        case "拍照": #以 test+序号.jpg 的形式命名图片
            cmd = "ps -ef | grep mjpg_streamer | grep -v grep | awk '{print $2}' | xargs kill -9 ; cd /home/pi/Desktop/img && raspistill -o test" + picturenum + ".jpg";
```

```
                picturenum++;
                break;
            case "录像":  #以 test+序号.h264 的形式命名视频
                cmd = "ps -ef | grep mjpg_streamer | grep -v grep | awk '{print $2}' | xargs kill -9; cd /home/pi/Desktop/video && raspivid -o test" + videonum + ".h264 -t 15000";
                videonum++;
                break;
            case "关闭监控":  #终止 MJPG-streamer 进程,退出视频监控
                cmd = "ps -ef | grep mjpg_streamer | grep -v grep | awk '{print $2}' | xargs kill -9";
                break; }
        let camerawindowhtml = "<img class=\"rounded\" alt=\"Camera\" width=100% src=\"http://192.168.137.3:8080/?action=stream\" />"
        if (confirm("确定要执行该命令吗?")) {
            $.ajax({
                type: "POST",
                url: "server_demo/picmd.php",
                data: {
                    action: "set-linux-cmd",
                    cmd: cmd
                },
                success: function (result) {
                    if(cmd == "cd /home/pi/mjpg-streamer-master/mjpg-streamer-experimental && ./mjpg_streamer -i \"./input_raspicam.so\" -o \"./output_http.so -w ./www\""){
                        $(".camerawindow").html(camerawindowhtml);
                    }}
            });
        }

//控制智能小车运动
function directionControl(){
    $(".direction-trigger").mousedown(function(){
        let text = $(this).attr("name");
        let cmd = "";
        switch (text) {
            case "前进":  #通过 python3 motor.py 命令行中的参数来指定小车的运行状态
                cmd = "cd /home/pi/pi_code && python3 motor.py 1";
                break;
            case "向左":
                cmd = "cd /home/pi/pi_code && python3 motor.py 4";
                break;
            case "向右":
                cmd = "cd /home/pi/pi_code && python3 motor.py 3";
                break;
            case "后退":
                cmd = "cd /home/pi/pi_code && python3 motor.py 2";
                break; }
```

```
        console.log("鼠标按下");
        $.ajax({
            type: "POST",
            url: "server_demo/picmd.php",
            data: {
                action: "set-linux-cmd",
                cmd: cmd},
            success: function (result) {
            }
        });
});
$(".direction-trigger").mouseup(function(){
        console.log("鼠标松开");
        $.ajax({
            type: "POST",
            url: "server_demo/picmd.php",
            data: {
                action: "set-linux-cmd",
                cmd: "cd /home/pi/pi_code && python3 motor.py 5"},   #小车停止运动
            success: function (result) {
                console.log(result)
        }});
        });
}
```

通过以上代码对树莓派摄像头以及智能小车进行控制，其中实时视频监控采用 MJPG-streamer（参见4.1.3节）实现，小车运动控制的脚本文件 motor.py 存放在 pi_code 目录下。

每个控制指令通过前端 Ajax 传输至后端写入 picmd.txt 文件，由控制程序读取文件内容来执行指令。实现该功能的后端代码保存在 server_demo/server/picmd.php 文件中，内容如下：

```
<?php
$action = $_POST["action"];
$cmd = $_POST["cmd"];
$myfile = fopen("/home/pi/Pi_Controlcmd/picmd.txt","w") or die("unable to open file!");
fwrite($myfile, $m_nodeid. $cmd);
$str = file_get_contents("/home/pi/Pi_Controlcmd/picmd.txt");
echo($str);
?>
```

在 Pi_Controlcmd 目录下新建名为 picmd.py 的控制程序负责读取 picmd.txt 文件中的指令并逐条执行，代码如下：

```
import os

while True:
    file1 = open("/home/pi/Pi_Controlcmd/picmd.txt","r")
    picmd = file1.read()
    file1.close()
    if(picmd):
        file = open("/home/pi/Pi_Controlcmd/picmd.txt","w")
        file.write("")                    #清空 txt 里的指令
        file.close()
        os.system(picmd + '&')            #后台运行指令
```

监测节点远程控制功能最终效果如图 5-31 所示。单击"实时监控"将开启网络视频监控功能，在 img 标签内显示实时画面；单击"拍照"将启动摄像头拍照并将采集的图像以 .jpg 格式存储在树莓派桌面 img 目录中；单击"录像"摄像头将录制一段 15s 的视频，以 .h264 格式存储在桌面 video 目录中；单击右侧的方向键将控制小车运动。

图 5-31　智能小车远程操控

5.4.5　树莓派运行状态监控

5.2 节介绍了读取树莓派状态的方法，可以将其集成到 Web 监测软件中来。在 js_demo/app.js 文件中增加 iframe 浮动框，链接树莓派运行状态网址即可，代码如下：

```
//树莓派仪表盘
function pidashboard(){
```

```
            let pidashboardhtml = "< br >< iframe src = \"http://192.168.137.3/pi - dashboard/\
" width = \"100 % \" height = \"700px\"></iframe>";
            $("#pidashboard").html(pidashboardhtml);
        }
```

该功能效果如图 5-32 所示,界面左侧显示树莓派 IP 地址和连接时间,中部显示树莓派 CPU 的工作温度、工作频率等,右侧显示树莓派运行时内存的消耗及 SD 卡剩余空间等。树莓派的状态参数会动态变化,方便用户了解树莓派当前的工作状态。

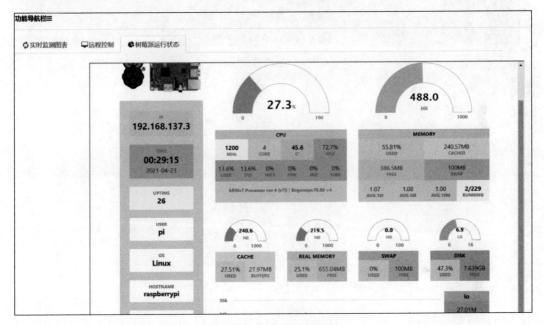

图 5-32　树莓派状态监测

5.4.6　4G 网络远程访问

在前面的介绍中,树莓派是连接笔记本电脑的移动热点,其 IP 地址被固定设置为 192.168.137.3。利用 5.3 节介绍的内网穿透,我们将外网域名与该 IP 地址进行了绑定,输入外网域名即可实现外网访问树莓派监测系统。本节将介绍通过 4G 无线上网模块来实现树莓派的外网远程访问。

接有 4G 无线上网模块的树莓派小车如图 5-33 所示,在这种情况下,树莓派将连接到 4G 上网模块的移动热点。由于该 4G 网卡默认网关是 192.168.0.1,要实现 4G 网络远程访问树莓派,只需修改树莓派的静态 IP 地址,由之前的 192.168.137.3 修改为 192.168.0.1 网关分配的 IP 地址,如 192.168.0.3,并将新的 IP 地址参照 5.3 节的方法重新映射到外网域名。此外,还需要将前面介绍的所有代码中涉及树莓派 IP 地址的内容都做相应的修改,才能正确实现 Web 监测软件的各项功能。

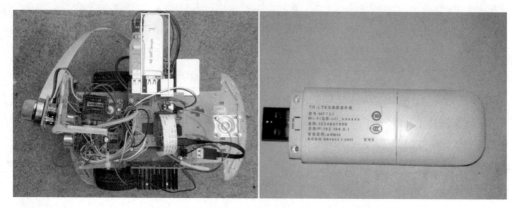

图 5-33 安装 4G 上网模块的树莓派小车

第 6 章 树莓派智能语音应用

本章将介绍基于树莓派搭建智能语音系统的方法,通过麦克风输入语音实现与树莓派的交互,并为其增加语音识别功能,根据语音命令完成特定任务。

6.1 麦克风语音输入配置

树莓派 3.5mm 音频接口只能用于播放输出声音,并不支持语音输入。为了录制语音,需要外接音频输入设备。这里使用了便携式 USB 免驱麦克风小话筒,如图 6-1 所示。与树莓派连接好后,输入 **lsusb** 命令查看该 USB 设备是否被检测到。输入 **cat /proc/asound/cards** 可以查看麦克风小话筒驱动是否被正常加载。图 6-2 表明树莓派已经识别到 USB 音频设备,其中树莓派板载音频接口的编号为 1,USB 音频设备的编号为 2。此外,通过命令 **aplay -l** 和 **arecord -l** 可以分别查看所有的输出设备和输入设备。

图 6-1　麦克风话筒连接树莓派

图 6-2　识别到 USB 音频设备

在终端输入 **sudo arecord -D "plughw:2,0" -d 10 test.wav** 将在当前目录下存储录制的音频文件 test.wav，其中-D 用于选择设备，"plughw:2,0"为外部 USB 设备；-d 参数代表录制时长(s)，不带该参数将会连续录音，直至按 Ctrl+C 组合键停止。输入命令 **aplay test.wav** 播放录制的音频文件，如果能听到声音，则表明麦克风能够正常工作。

安装 sox 工具可以通过边录制边播放的方式来测试录音与播放功能。输入 **sudo apt-get install sox** 安装 sox，再输入 **sudo nano /home/pi/.asoundrc** 打开配置文件，按照图 6-3 进行设置，即当前插入的 USB 设备用于录制音频，树莓派内置声卡用于播放音频。运行 **sox -d -d** 命令，对着麦克风说话就可以从音箱听到自己的声音。此外，通过 **sox -d test.mp3** 和 **sox test.mp3 -d** 也可以分别实现语音的录制与播放。

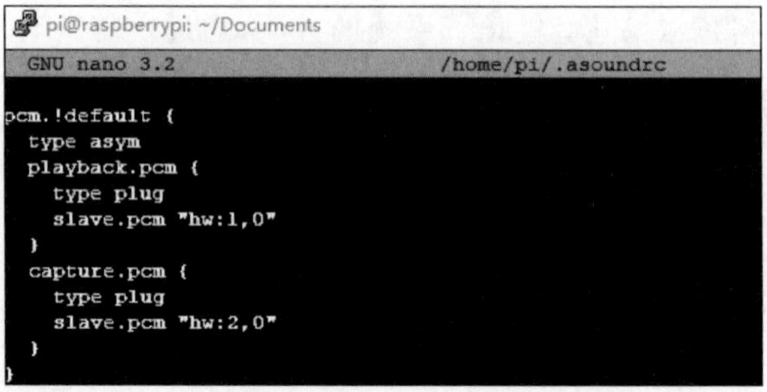

图 6-3　更改声卡设置

注意：需要按照图 6-2 中的结果对/home/pi/.asoundrc 进行设置，如果读者没有插入 HDMI 线，则 Headphones 和 USB-Audio 可能分别对应设备 0 和 1，这时图 6-3 中 playback.pcm 和 capture.pcm 项的 slave.pcm 应该分别设为"hw:0,0"和"hw:1,0"，否则麦克风无法录入语音。

语音控制
树莓派小车

6.2　语音控制树莓派小车

6.2.1　语音控制

本节首先介绍通过语音命令来控制树莓派小车运动的实现过程。使用百度短语音识别 API 接口可以识别上传的语音命令并返回结果，从而控制小车执行相应的动作。新建脚本 voice_control.py，输入以下内容：

```
# -*- coding: utf-8 -*-
import os
import time
import json
from aip import AipSpeech
```

```python
from motor_PWM import MotorPWM

# ****** 替换成自己申请的百度语音应用的授权信息
AppID = '******'
APIKey = '******'
SecretKey = '******'

# 调用百度 AipSpeech 方法进行 token 验证
client = AipSpeech(AppID, APIKey, SecretKey)

# 录音并将 wav 格式转换为 pcm 格式
def toPCM():
    # 录制 3s 的单声道 16k 音质,具体参数说明可以参看讲解视频
    os.system('arecord -d 3 -r 16000 -c 1 -t wav -f S16_LE audio.wav')
    '''如果上传的是非 pcm 格式,百度服务端会将其转为 pcm 格式,会有额外的转换耗时,因此
在本地直接用 ffmpeg 方法转换格式'''
    os.system('ffmpeg -y -i audio.wav -acodec pcm_s16le -f s16le -ac 1 -ar 16000 audio.pcm')

# 读取本地音频文件
def get_file_content(filePath):
    with open(filePath, 'rb') as fp:
        return fp.read()

# 获取语音识别结果
def getVoice():
    if os.path.exists('audio.pcm'):
        # 上传 audio.pcm 进行语音识别
        results = client.asr(get_file_content('audio.pcm'), 'pcm', 16000, {
            'dev_pid': 1537, })                    # 普通话
        '''参数说明与返回数据参见 https://cloud.baidu.com/doc/SPEECH/s/1k4o0bmc7'''
        voice = results['result'][0]
        return voice

if __name__ == '__main__':
    pwm = MotorPWM(duty=50)                        # 创建实例,占空比 50
    while True:
        print("请说出命令")                        # 根据语音执行动作
        toPCM()
        command = getVoice()                       # 返回的结果以句号结尾
        print(command)
        if command == u'前进。':                   # 字符串以 Unicode 格式存储
            pwm.forward()
            time.sleep(1)
            pwm.stop()                             # 运动 1s 后停止
        elif command == u'后退。':
            pwm.backward()
```

```
            time.sleep(1)
            pwm.stop()
        elif command == u'左转。':
            pwm.left()
            time.sleep(0.3)
            pwm.stop()                    #转动 0.3s 后停止
        elif command == u'右转。':
            pwm.right()
            time.sleep(0.3)
            pwm.stop()
        else:
            pass
    time.sleep(2)
```

上面代码中定义了 3 个函数，其中 toPCM()函数的作用是通过 USB 麦克风录制 3s 的单声道 16kHz 采样率的音频文件，并将其转换为 pcm 格式；getVoice()函数调用 get_file_content()函数读取本地 pcm 文件，通过百度语音识别 API 接口将语音内容转换为字符串。运行程序，结果如图 6-4 所示。在 3s 之内说出"前进""左转""右转"等命令，树莓派小车根据返回的识别结果执行对应的指令，其中小车的运动控制程序在 4.2 节中已做了介绍。

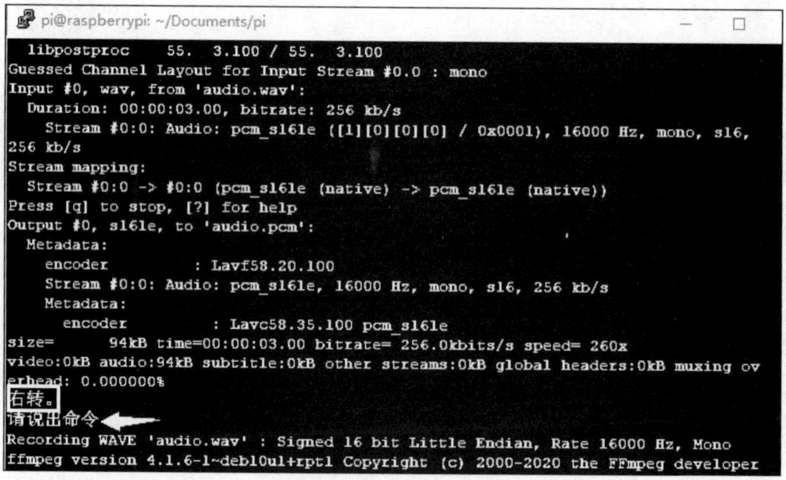

图 6-4　语音控制小车运动

6.2.2　热词唤醒

在 6.2.1 节的例子中，为了不遗漏语音命令，树莓派小车一直处于监听状态，即使是无用的语音也会被录制、转换、上传并进行识别，这显然不是我们想要的。本节将通过热词唤醒的方式来激活树莓派小车，只有听到特殊的唤醒词时，树莓派才会作出反应，被唤醒后才开始处理接下来的语音命令。

Snowboy 是比较流行的热词唤醒框架，对中文支持友好，配置使用也较为简单。首先输入命令 **sudo apt-get install swig libatlas-base-dev**、**sudo pip3 install pyaudio**（可以从 piwheels 官网下载 PyAudio-0.2.11-cp35-cp35m-linux_armv7l.whl，进行离线安装）安装依赖库，然后通过 **git clone https://github.com/Kitt-AI/snowboy.git** 下载源码至树莓派当前目录，最后输入命令 **cd snowboy/swig/Python3 && make** 进行编译。切换至 snowboy/examples/Python3 目录并运行命令 **python3 demo.py resources/models/snowboy.umdl**，对着麦克风说出"snowboy"，如果安装配置成功则可以听到"嘀"的声音。此外，Snowboy 还自带了"jarvis""computer"等 8 个热词，使用时只需替换上面命令行中的模型文件（.umdl）名称即可。由于目前 Snowboy 网站已关闭，已无法创建训练自己的唤醒词模型，读者只能从现有的热词中进行选择。

> **注意**：下载 Snowboy 官方开发包后，需要将 snowboy/examples/Python3 目录下 snowboydecoder.py 中第 5 行代码 from * import snowboydetect 改为 import snowboydetect 再运行，否则会报错。

下面给出通过热词唤醒树莓派小车并控制其运动的实现过程，在 snowboy/examples/Python3 目录下新建脚本 snowboy_wakeup.py，并输入以下内容：

```python
import signal
import time
import requests
import os
import snowboydecoder
import voice_control as vc
from motor_PWM import MotorPWM

#将 client_id、client_secret 后面的「」分别替换为获取的授权信息 APIKey 和 SecretKey
host = 'https://aip.baidubce.com/oauth/2.0/token?grant_type=client_credentials&client_id=「」&client_secret=「」'
response = requests.get(host)
if response:
    print(response.json())
    token = response.json()['access_token']       #提取出 token 的内容
    print(token)

def reply():                                      #热词唤醒后回复"哎,我在啊…"
    url = '\"' + "http://tsn.baidu.com/text2audio?tex=" + '\"' + "哎,我在啊…" + '\"' + \
          "&lan=zh&per=3&pit=9&spd=3&cuid=***&ctp=1&tok=" + token + '\"'
    os.system("mplayer " + "%s" % (url))

interrupted = False                               #中断变量初始化为 False
pwm = MotorPWM(duty=50)                           #创建 PWM 电机控制实例
```

```python
def signal_handler(signal, frame):          # 两个参数分别是:信号编号,程序帧
    global interrupted
    interrupted = True                      # 按下 Ctrl+C 组合键时中断变量设为 True

def interrupt_callback():                   # 响应中断信号
    global interrupted
    return interrupted

def callbacks():                            # 定义唤醒后的回调函数,实现想要的功能
    global detector
    detector.terminate()                    # 关闭 snowboy 功能
    reply()                                 # 回复通过百度语音合成的内容
    print("请说出命令")
    vc.toPCM()                              # 录制语音,转换格式
    command = vc.getVoice()                 # 上传本地语音文件进行识别
    print(command)
    if command == u'前进。':
        pwm.forward()
        time.sleep(1)
        pwm.stop()
    elif command == u'后退。':
        pwm.backward()
        time.sleep(1)
        pwm.stop()
    elif command == u'左转。':
        pwm.left()
        time.sleep(0.1)
        pwm.stop()
    elif command == u'右转。':
        pwm.right()
        time.sleep(0.1)
        pwm.stop()
    wake_up()                               # 再次打开 snowboy 功能,实现唤醒、监测的递归调用

def wake_up():                              # 热词唤醒
    global detector
    model = './resources/models/computer.umdl'  # 唤醒词(computer)模型的路径
    # 为 Ctrl+C 注册 handler 函数
    signal.signal(signal.SIGINT, signal_handler)
    # 唤醒词检测函数(sensitivity 设置越高,唤醒越容易触发,但也会收到更多的误唤醒)
    detector = snowboydecoder.HotwordDetector(model, sensitivity=0.6)
    print('请说唤醒词: computer')            # 提示用户说出 computer
    # 启动实例,指定回调函数,开始热词监测
    detector.start(detected_callback=callbacks,
                   interrupt_check=interrupt_callback,
                   sleep_time=0.3)
```

```
    detector.terminate()                    # 释放资源

if __name__ == '__main__':
    wake_up()
```

在上面的代码里，detector.start()函数用来启动语音检测器并进行循环监测，3个参数的含义如下：detected_callback指定检测到热词后调用的函数，可以是单个函数或是函数列表；interrupt_check返回值为True时会停止循环语音监测；sleep_time是指每个循环等待的时间每隔。运行程序，当对着麦克风说出"computer"时，树莓派小车会被激活，回复"哎，我在啊"，然后等待用户发出的语音指令，再调用百度语音识别接口并根据返回结果来控制小车运动。

6.2.3 离线语音识别

为了使用自己的热词唤醒树莓派并通过本地语音识别的方式来控制树莓派小车的运动，可以选用 PocketSphinx 软件。由于候选热词和控制指令的数量非常有限，PocketSphinx 可以对这些单词或短语进行准确识别。此外，使用 SpeechRecogintion 的录音功能从麦克风拾取语音数据非常方便。下面介绍离线语音识别的实现过程。首先，输入 **sudo pip3 install speechrecognition** 和 **sudo pip3 install pocketsphinx** 完成软件的安装。如果安装 PocketSphinx 过程中编译出错，则有可能是缺少依赖库，这时可通过命令 **sudo apt-get install libpulse-dev** 进行安装。

新建脚本 offline_test.py，输入以下内容，分别通过麦克风输入和读入本地录音文件对英文单词离线识别进行测试。

```
import speech_recognition as sr

def recognize(rate = 16000, lang = "en-US"):
    r = sr.Recognizer()
    # voice = sr.AudioFile('myvoice.wav')        # 录音文件中的内容是英文单词'wonderful'
    mic = sr.Microphone(sample_rate = rate)      # 麦克风输入语音
    # with voice as source:                      # 与 voice = sr.AudioFile('myvoice.wav')对应
    with mic as source:                          # 与 mic = sr.Microphone(sample_rate = rate)对应
        print("please say something")
        # audio = r.record(source)               # 与 with voice as source 对应
        audio = r.listen(source)                 # 与 with mic as source 对应

    # 调用 PocketSphinx 识别函数
    result = r.recognize_sphinx(audio, language = lang)
    return result

if __name__ == '__main__':
    print(recognize())                           # 打印输出识别结果
```

运行程序,结果如图 6-5 所示,软件已经识别出了说出的单词和录音文件里的单词,但识别速率偏慢,存在一定的延时。通过尝试其他的单词和短语发现,受背景噪声以及发音相近单词的影响,识别结果并不是特别准确。

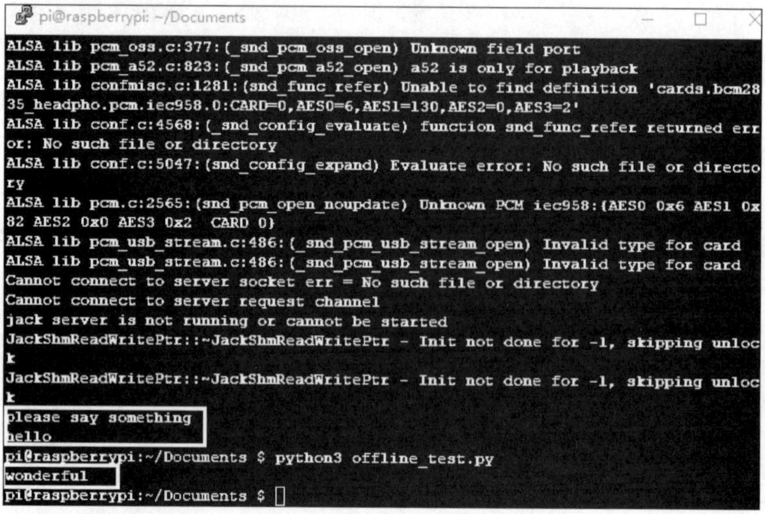

图 6-5　英文离线识别测试

在树莓派/usr/local/lib/python3.5/dist-packages/speech_recognition/pocketsphinx-data/en-US 目录下存放着识别英文的语言包,将其替换为中文语言包就可以进行中文的识别。中文语言包(cmusphinx-zh-cn-5.2)下载地址为 https://sourceforge.net/projects/cmusphinx/files/Acoustic%20and%20Language%20Models/Mandarin/。

为了提高本地识别的准确度和识别效率,可以只对候选热词和控制指令制作语料库,缩减模型库的大小。具体过程如下:新建 userwords.txt,逐行输入 7 个关键词——小兮、大兮、前进、后退、左转、右转和停止,其中前 2 个词是候选唤醒词,后面 5 个词是控制命令。打开网页 http://www.speech.cs.cmu.edu/tools/lmtool-new.html,单击"选择文件",选择 userwords.txt 后单击下方的按钮,会生成如图 6-6 所示的语料包压缩文件。下载解压缩后有 5 个文件,其中需要使用的是 .lm 和 .dic 文件。需要说明的是, .dic 文件中只有文字没有拼音,需要在树莓派终端编辑该文件,在每行汉字的后面添加相应的拼音,如图 6-7 所示。文字对应的拼音要在 cmusphinx-zh-cn-5.2 语言包中的 zh_cn.dic 文件中进行查找(有些文字的拼音比较特殊,拼音后的数字为声调)。

接下来,如图 6-8 所示,将修改后的 1572.dic 和 1572.lm 分别参照原来 en-US 目录下的文件名进行命名,即将 1572.dic 更名为 pronounciation-dictionary.dict(扩展名从 .dic 改为 .dict),将 1572.lm 更名为 language-model.lm.bin(扩展名从 .lm 改为 .lm.bin),并用更名后的文件替换掉 en-US 目录下对应的文件。此外,还需将前面下载的中文语言包 cmusphinx-zh-cn-5.2 中的 zh_cn.cd_cont_5000 目录更名为 acoustic-model,替换掉 en-US 下对应的目录。完成上述步骤后,再次运行 offline_test.py,对着麦克风说出候选热词"小

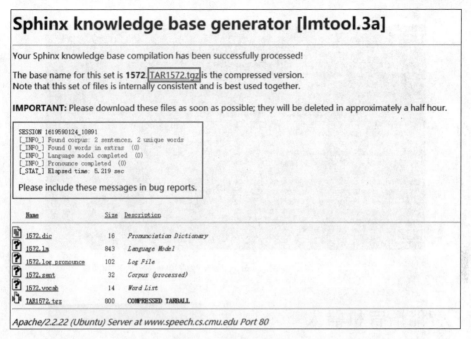

图 6-6　生成中文语料包

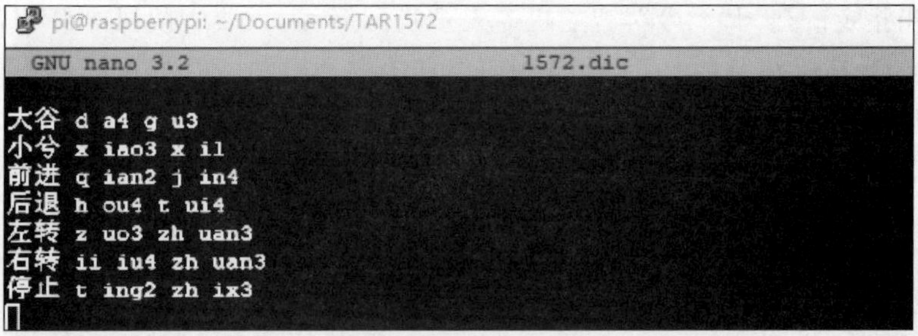

图 6-7　修改 .dic 文件

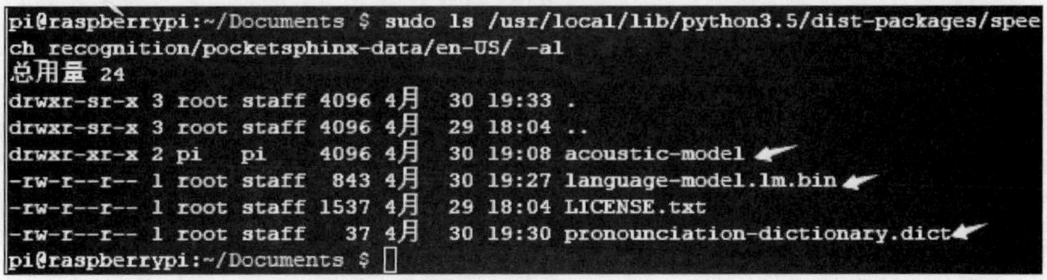

图 6-8　自制语料包文件重命名

兮"或"大谷",就可以正确识别了,结果如图 6-9 所示。通过热词唤醒后,树莓派小车等待控制指令,并按照识别的结果运动。

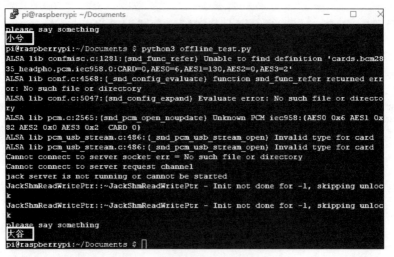

图 6-9　中文热词离线识别结果

6.3　智能语音机器人

　　本节将结合热词唤醒和百度在线语音识别及合成技术实现一个简易的智能语音机器人。用户说出指定的热词"小兮",智能机器人被唤醒后,进入聆听阶段等待用户发出指令;通过在线语音工具识别出指令后,运行相应的功能并通过语音合成反馈给用户相关信息;随后进入被动聆听阶段,等待用户再次唤醒。

　　智能语音机器人(后文中称为小兮)通过离线语音识别被唤醒后,会对"天气""音乐""拍照""聊天""再见"5个关键词指令做出响应。具体工作流程如下：对着麦克风说出"天气",小兮回复"好的,您想查询哪个城市的天气呢?",接着说出城市名称,小兮会调用中华万年历的天气预报接口获取对应城市的天气数据信息,从返回结果中提取出关键内容并做必要处理,然后进行语音播报。对着麦克风说出"音乐",小兮会回复"好的,您想听哪首歌曲?",说出歌名后,小兮将调用网易云音乐 API 接口搜索指定音乐,如果找到歌曲则语音播报"马上播放歌曲",然后通过 MPlayer 在线播放音乐;如果因为网络音乐版权或输入错误等原因查找不到歌曲时,小兮会语音播报"没有找到你想听的歌曲,将为您播放本地音乐",然后自动播放本地目录中的音乐文件。对着麦克风说出"拍照",小兮回复"收到,3 秒后启动拍照",随后拍摄照片并按当前时间命名保存,同时会听到照相机的快门声音音效。类似地,对着麦克风说出"聊天"时,小兮回复"好的,您想聊点什么",随后就可以进行对话聊天。这里选择的是青云客聊天机器人 API 接口,它支持天气、中英翻译、笑话、歌词、计算、成语查询等功能,可以免注册直接使用。当对着麦克风说出"再见"时,小兮将进入被动聆听阶段,等待再次被唤醒。

　　新建脚本 voice-robot.py,输入下面的代码来实现上述功能：

```python
import os,sys,time
import random
import subprocess
import requests,json
import urllib.request
import threading
import signal
import speech_recognition as sr
from aip import AipSpeech

KeyWords = ['聊天','音乐','天气','拍照','再见']   #关键词列表
flag1 = False                                     #唤醒标志
flag2 = True                                      #未退出标志
command = ''

def isValid(text):                                #如果语音输入与关键词相符,返回为真
    return any(word in text for word in KeyWords)

def signHandle(signum, frame):                    #中断信号处理函数
    global flag2
    if(signum in (signal.SIGINT,signal.SIGTERM)):
        print("强制退出...")
        flag2 = False                             #按下 Ctrl+C 组合键强制退出时,flag2 为假

# ****** 替换成自己申请的百度语音应用的授权信息
AppID = '******'
APIKey = '******'
SecretKey = '******'
#调用百度在线语音识别接口并进行 token 认证
client = AipSpeech(AppID,APIKey,SecretKey)

def toPCM():                                      #录制 3s 的单声道 16k 音质,转为 pcm 格式
    os.system('arecord -d 3 -r 16000 -c 1 -t wav -f S16_LE audio.wav')
    os.system('ffmpeg -y -i audio.wav -acodec pcm_s16le -f s16le -ac 1 -ar 16000 audio.pcm')

def get_file_content(filePath):                   #读取本地音频文件
    with open(filePath, 'rb') as fp:
        return fp.read()

def getVoice():                                   #获取语音识别结果
    if os.path.exists('audio.pcm'):
        #上传 pcm 进行语音识别
        results = client.asr(get_file_content('audio.pcm'), 'pcm', 16000, {'dev_pid': 1537,})
        voice = results['result'][0]
        return voice
```

```python
# 提取语音合成应用token,其中client_id、client_secret分别为前面的APIKey和SecretKey
host = 'https://aip.baidubce.com/oauth/2.0/token?grant_type=client_credentials&\
        client_id=[]&client_secret=[]'          #[]替换成自己的API Key和Secret Key
response = requests.get(host)
if response:
    token = response.json()['access_token']

def reply(body):                                 # 通过语音合成回复
    url = '\"' + "http://tsn.baidu.com/text2audio?tex=" + '\"' + body + '\"' +\
          "&lan=zh&per=0&pit=7&spd=5&cuid=***&ctp=1&tok=" + token + '\"'
    os.system("mplayer" + " %s" % (url))

def recognize(rate=16000, lang="en-US"):         # 热词识别
    global flag1, flag2

    r = sr.Recognizer()
    mic = sr.Microphone(sample_rate=rate)
    while True and flag2:
        with mic as source:
            #print("等待召唤...")
            audio = r.listen(source)
        keyword = r.recognize_sphinx(audio, language=lang)
        print(keyword)
        if(keyword == "小兮"):
            reply("你好,我在...")                # 被唤醒后作出回应
            flag1 = True                         # 唤醒标志为真
            keyword = ''                         # 关键词变量为空,避免下次被错误唤醒
            time.sleep(0.3)

def robotchat():                                 # 青云客智能聊天机器人
    global flag1, flag2
    reply('好的,您想聊点什么...')
    while flag1 and flag2:
        toPCM()
        msg = getVoice()[:-1]                    # 去掉返回的内容最后的句号
        '''参看技术文档 http://api.qingyunke.com, key 必需,固定值; appid 可选,0 表示
        智能识别; msg 必需,关键词,提交前请先经过 urlencode 处理'''
        url = 'http://api.qingyunke.com/api.php?key=free&appid=0&msg={}'\
              .format(urllib.parse.quote(msg))
        html = requests.get(url)
        content = html.json()["content"].replace('{br}','')
        reply(content)                           # 机器人回复
        if (msg == '不聊了'):                     # 退出聊天
            break

def getweather():                                # 城市天气查询
```

```python
        reply('好的,您想查询哪个城市的天气呢?')
        toPCM()                                  #没有检测到关键词,重回休眠状态,等待再次热词唤醒
        city = getVoice()[:-1]                   #去掉返回的内容最后的句号
        url = 'http://wthrcdn.etouch.cn/weather_mini?city=%s' % city  #中华万年历天气预报接口
        response = requests.get(url)

        weather_dict = response.json()['data']   #将JSON格式数据转换为字典
        weatherText = weather_dict['city'] + '今天' + weather_dict["forecast"][0]['type'] + ',' +
        '最' + weather_dict['forecast'][0]['low'].strip('℃ ').replace(' ','') + '度' + ',' +
        '最' + weather_dict['forecast'][0]['high'].strip('℃ ').replace(' ','') + '度' + ',' +
        '当前温度' + weather_dict['wendu'] + ',' + weather_dict["forecast"][0]['fengxiang'] +
        weather_dict["forecast"][0]['fengli'].split("[CDATA[")[1].split("]")[0]
        reply(weatherText)                       #播报天气信息

def camera():                                    #摄像头拍照
        quality = 100
        count_down = 3
        path = os.path.expanduser('./pictures')
        #获得当前时间
        curtime = time.strftime('%Y-%m-%d-%H-%M-%S',time.localtime(time.time()))
        file = os.path.join(path, "%s.jpg" % curtime)
        say = "收到,%d秒后启动拍照" % count_down
        reply(say)
        os.system('raspistill ' + '-o ' + file + ' -q ' + str(quality) + ' -t ' + str(count_
        down * 1000))                            #拍照
        os.system('mplayer camera.wav')          #播放快门声音

def localmusic():                                #播放本地音乐
        global flag1,flag2
        music = os.popen('ls /home/pi/Music').read()
        musiclist = music.split('\n')[:-1]       #返回目录下音乐文件列表
        while flag1 and flag2:                   #在被唤醒状态且未强制退出时循环播放
            if musiclist == []:
                break
            index = random.randint(0, len(musiclist)-1)
            musicname = musiclist.pop(index)     #随机选择歌曲
            musicpath = 'mplayer /home/pi/Music/' + musicname
            print("正在播放:" + musicname)
            os.system(musicpath)
            time.sleep(2)

def playmusic():                                 #搜索并播放网络歌曲
        reply('好的,您想听哪首歌曲?')
        toPCM()
        song_name = getVoice()[:-1]              #去掉返回的内容最后的句号
```

```python
        '''搜索歌曲,type = 1 单曲,limit 为返回数据条数(每页获取的数量),默认为 20;
        offset 为偏移量(翻页),需要是 limit 的倍数'''
        url = 'http://music.163.com/api/search/get/web?csrf_token = hlpretag = &hlposttag = &s = % s\
        &type = 1&offset = 0&total = true&limit = 10' % song_name
        res = requests.get(url)
        music_json = json.loads(res.text)                    #解码 json 格式

        if(music_json["result"]["songCount"]!= 0):           #歌曲列表非空
            songid = music_json["result"]["songs"][0]["id"]  #获取列表中第一首歌曲的 id
            #网易云外链标准格式,只需要替换?id = 后的 ID 即可
            url = 'http://music.163.com/song/media/outer/url?id = % s.mp3' % songid
            reply('马上播放歌曲 % s' % song_name)
            os.system('mplayer % s' % url)                   #左右方向键可以快进和后退
        else:
            print("没有找到你想听的歌曲,将为您播放本地音乐")
            localmusic()

def xiaoxi():
    global flag1,flag2,command
    while True and flag2:
        if flag1:                                            #处于被唤醒状态时
            toPCM()
            command = getVoice()[:-1]                        #去掉返回的内容最后的标点符号
            if not isValid(command):                         #没有检测到关键词
                flag1 = False                                #重回休眠状态,等待再次热词唤醒
            if command == u'天气':
                getweather()
                flag1 = False
            elif command == u'音乐':
                playmusic()
                flag1 = False
            elif command == u'聊天':
                robotchat()
                flag1 = False
            elif command == u'拍照':
                camera()
                flag1 = False
            elif command == u'再见':
                reply("再见,时刻等待你的召唤")
                flag1 = False

if __name__ == '__main__':
    signal.signal(signal.SIGINT, signHandle)
    signal.signal(signal.SIGTERM, signHandle)
    thread1 = threading.Thread(target = recognize)
    thread2 = threading.Thread(target = xiaoxi)
```

```
thread1.start()
thread2.start()
thread1.join()
thread2.join()
```

以上代码中创建了两个线程：一个通过离线语音识别实现热词唤醒；另一个实现关键词的在线语音识别并完成相应的功能。将该脚本设为开机自启动，树莓派上电后即可自动运行程序，唤醒智能语音机器人后将唤醒标志置位（设置为 True），接下来会根据识别到的关键词进入对应的工作模式。例如，对着麦克风说出"聊天"，将进入机器人对话聊天模式，想要结束本次对话，只需说出"不聊了"即可退出聊天模式，运行结果如图 6-10 所示，其中标记框中为聊天机器人的回复。图 6-11 为音乐模式测试结果，当没有搜到网络歌曲时播放本

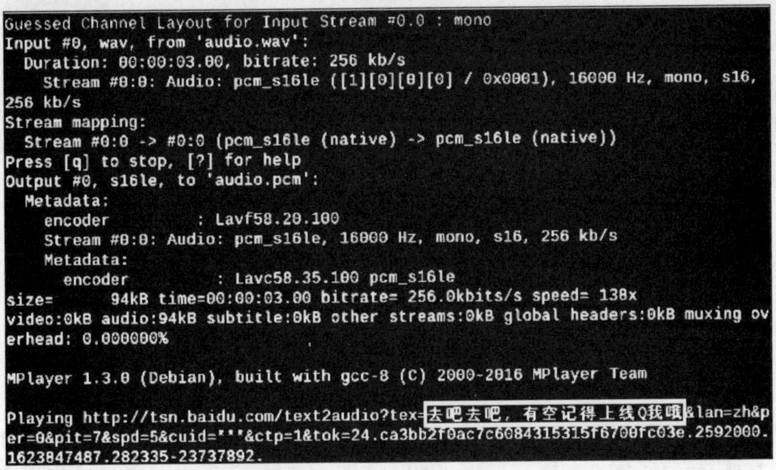

图 6-10　机器人聊天模式

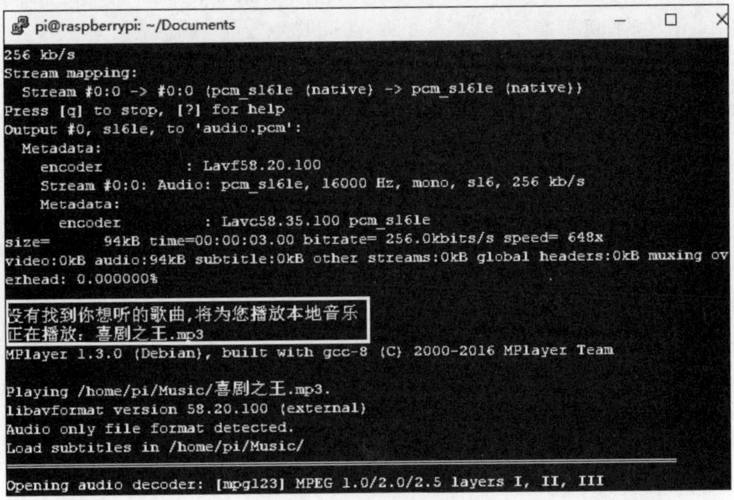

图 6-11　音乐模式

地音乐。图6-12为天气模式测试结果,语音播报查询城市的天气情况。需要说明的是,离线识别唤醒存在一定的延时,这是PocketSphinx自身原因造成的。上面只是给出了一个简单的实例,读者可以根据需要尝试开发自己的智能语音机器人。

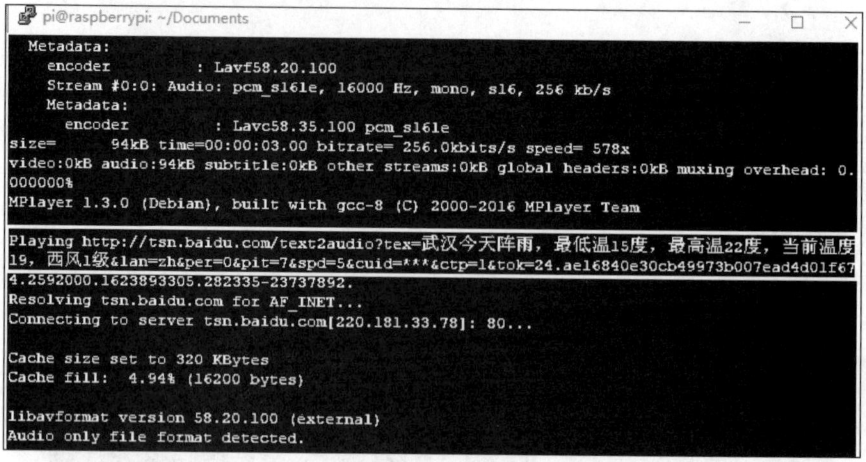

图 6-12 天气模式

6.4 自然语言处理

6.4.1 中文分词与关键词提取

文本分析和自然语言处理是智能语音系统不可分割的一部分。相比英文单词之间以空格作为分界符,中文词语间没有分界符。在进行中文文本的分析时,首先需要把段落和句子切割成单个的词。中文分词就是将连续的文本按照一定规则拆分成词序列的过程。目前使用较多的是jieba中文分词组件,它支持3种分词模式,即精确模式、全模式和搜索引擎模式,支持繁体分词和自定义词典。在树莓派终端输入 **sudo pip3 install jieba** 命令安装jieba。安装完成后,输入以下代码进行测试:

```
import jieba

#cut_all参数用来控制是否采用全模式,True:全模式/False:精确模式,默认为精确模式
seg_list = jieba.cut("我登上了天安门城楼", cut_all = False)
print("Default Mode: " + ",".join(seg_list))         #使用逗号作为词间的分界
```

运行结果如图6-13所示,借助jieba.cut()方法将中文语句进行了分词操作,词语之间以逗号作为分隔。jieba.cut()返回的是一个可迭代的生成器,可以使用for循环来遍历每一个词语。

自然语言处理中经常需要识别关键词,也需要筛选掉一些出现频率高但没有实际含义

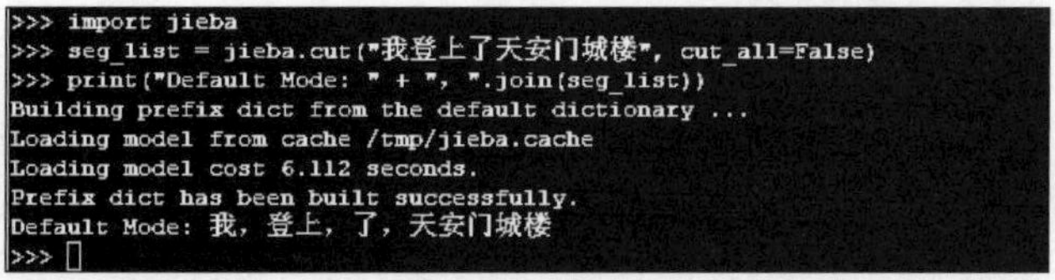

```
>>> import jieba
>>> seg_list = jieba.cut("我登上了天安门城楼", cut_all=False)
>>> print("Default Mode: " + ", ".join(seg_list))
Building prefix dict from the default dictionary ...
Loading model from cache /tmp/jieba.cache
Loading model cost 6.112 seconds.
Prefix dict has been built successfully.
Default Mode: 我, 登上, 了, 天安门城楼
>>> 
```

图 6-13　结巴分词

的词，这些词称为“停用词”。其定义规则通常是统计文本中出现频率过高的词或者使用现有的停用词表，例如，“百度停用词表”“哈工大停用词表”等(https://github.com/goto456/stopwords)。jieba 可以简便地实现关键词的提取，新建脚本 stopwords.py，输入以下代码：

```
import jieba, jieba.analyse
import pandas as pd

text = "我来到了天安门广场,登上了天安门城楼"
seg_list = jieba.cut(text, cut_all = False)
#print(type(seg_list))                    #seg_list 类型为 generator
seg_list = list(seg_list)                 #以逗号为分隔符,转为列表
print('中文分词: ',seg_list)

'''topK 返回权重最大的关键词的个数,默认为 20; withWeight 为是否返回关键词的权重值;
allowPOS 是指仅包含指定词性的词,如 a 是形容词、n 是名词、v 是动词'''
tags = jieba.analyse.extract_tags(text,topK = 5,withWeight = True,allowPOS = ())
print('关键词: ',tags)

#用 padas 读取中文停用词
stopwords = pd.read_csv("./cn_stopwords.txt", index_col = False,sep = '\t',names = ['word'])
#去停用词后的 new_seg_list
new_seg_list = [word for word in seg_list if word not in stopwords['word'].tolist()]
print('去除停用词后的结果: ',new_seg_list)
```

以上代码中 jieba.analyse 是基于 TF-IDF 算法实现关键词的抽取。TF-IDF 是一种统计方法，用来评估一个词或短语对于语料库中某个文件的重要程度。运行代码，结果如图 6-14 所示，提取出的关键词为“登上”“来到”“天安门广场”“天安门城楼”，停用词“我”“了”和逗号被删除。

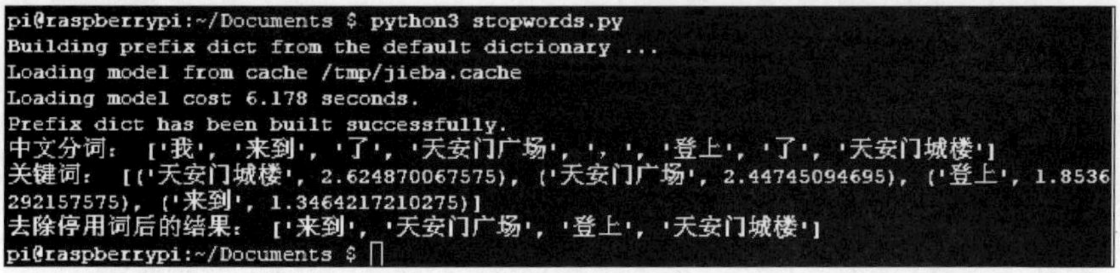

```
pi@raspberrypi:~/Documents $ python3 stopwords.py
Building prefix dict from the default dictionary ...
Loading model from cache /tmp/jieba.cache
Loading model cost 6.178 seconds.
Prefix dict has been built successfully.
中文分词: ['我', '来到', '了', '天安门广场', ',', '登上', '了', '天安门城楼']
关键词: [('天安门城楼', 2.624870067575), ('天安门广场', 2.44745094695), ('登上', 1.8536292157575), ('来到', 1.3464217210275)]
去除停用词后的结果: ['来到', '天安门广场', '登上', '天安门城楼']
pi@raspberrypi:~/Documents $ 
```

图 6-14　关键词提取

6.4.2　对话情绪识别

本节结合6.4.1节中介绍的内容,通过对语音中的关键词进行提取与识别,进行简单的对话情绪识别。新建脚本voice_emotion.py,输入代码如下:

```python
import os
import time
import requests
from aip import AipSpeech
import jieba.analyse

#创建情绪字典
emotion_list = {'optimistic':['高兴','真美'],
                'pessimistic':['不妙','糟糕'],
                'neutral':['还行','不错']}

def toPCM():
    #录制5s的单声道16k语音文件并转换为pcm格式
    os.system('arecord -d 5 -r 16000 -c 1 -t wav -f S16_LE audio.wav')
    os.system('ffmpeg -y -i audio.wav -acodec pcm_s16le -f s16le -ac 1 -ar 16000 audio.pcm')

def get_file_content(filePath):          #读取本地音频文件
    with open(filePath, 'rb') as fp:
        return fp.read()

#将******替换成百度语音应用的授权信息
AppID = '******'
APIKey = '******'
SecretKey = '******'
client_AS = AipSpeech(AppID,APIKey,SecretKey)

def getVoice():                          #获取在线语音识别结果
    if os.path.exists('audio.pcm'):
        results = client_AS.asr(get_file_content('audio.pcm'), 'pcm', 16000, {
            'dev_pid': 1537,             #普通话
        })
        voice = results['result'][0]
        return voice

#提取出token的内容,通过语音合成来对情绪做出回复
host = 'https://aip.baidubce.com/oauth/2.0/token?grant_type=client_credentials&client_id=「」
         &client_secret=「」'             #「」替换成自己的API Key和Secret Key
response = requests.get(host)
if response:
    token = response.json()['access_token']
```

```python
def reply(body):                    # 根据识别结果做出相应的回复，body 为回复的内容
    url = '\"' + "http://tsn.baidu.com/text2audio?tex=" + '\"' + body + '\"' + \
          "&lan=zh&per=4&pit=9&spd=5&cuid=***&ctp=1&tok=" + token + '\"'
    os.system("mplayer " + "%s" % (url))

def extracttags(text):
    # seg_list = jieba.cut(text, cut_all=False)
    # seg_list = list(seg_list)        # 以逗号为分隔符，转为列表
    # print('中文分词：',seg_list)
    '''情绪识别主要是根据形容词或区别词来判断，这里 allowPOS 指定为 a 和 b'''
    tags = jieba.analyse.extract_tags(text, topK=5, withWeight=False, allowPOS=(['a','b']))
    print('关键词：',tags)
    return tags

if __name__ == '__main__':
    while True:
        print("想说点什么…")
        toPCM()
        text = getVoice()
        print(text)
        emotion = extracttags(text)
        # 判断提取的关键词属于情绪字典中的哪一类
        if [True for e in emotion if e in emotion_list['optimistic']]:
            reply("听得出你很高兴哟")
        elif [True for e in emotion if e in emotion_list['pessimistic']]:
            reply("不用太悲观,没有你想得那么糟")
        elif [True for e in emotion if e in emotion_list['neutral']]:
            reply("看来你心情还不坏嘛")
        time.sleep(5)
```

代码中通过提取当前对话中的关键词，并与创建的情绪字典来匹配从而判别情绪类别。运行程序，结果如图 6-15 所示，对于固定的词语可以正确识别情绪类别。然而，在实际应用中创建情绪字典的方法并不可取，毕竟能够列举出的词汇有限，加之中文文字语义内涵丰富、复杂，仅根据关键词并不能达到满意的效果。通常的做法是：采用 jieba 进行中文分词，删除文本中的停用词，再通过 scikit-learn 库从中对文本数据进行特征提取，并构建分类器对文本进行分类。

使用百度自然语言处理服务中的对话情绪识别 API 接口，可以更加准确、全面地识别出当前会话者所表现出的情绪类别，并针对性地做出回复。具体实现过程如下：首先，登录百度 AI 平台，申请创建自然语言处理应用（https：//ai.baidu.com/tech/nlp_apply/），获得应用授权信息，如图 6-16 所示。

接下来，新建脚本 emotion_recognition.py，输入以下内容：

图 6-15　对话情绪识别

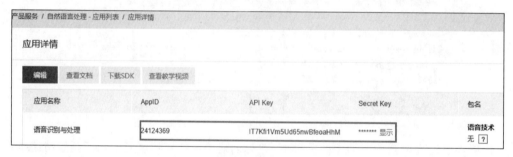

图 6-16　创建自然语言处理应用

```
import os
import time
import requests
from aip import AipSpeech
from aip import AipNlp


def toPCM():                                    #录制 3s 的语音文件并转换为 pcm 格式
    os.system('arecord -d 3 -r 16000 -c 1 -t wav -f S16_LE audio.wav')
    os.system('ffmpeg -y -i audio.wav -acodec pcm_s16le -f s16le -ac 1 -ar 16000 audio.pcm')


def get_file_content(filePath):                 #读取本地音频文件
```

```python
    with open(filePath, 'rb') as fp:
        return fp.read()

# 将******替换成百度语音应用的授权信息
AppID = '******'
APIKey = '******'
SecretKey = '******'
# 调用百度 AipSpeech 方法并进行 token 验证
client_AS = AipSpeech(AppID, APIKey, SecretKey)

def getVoice():                                  # 获取语音识别结果
    if os.path.exists('audio.pcm'):
        results = client_AS.asr(get_file_content('audio.pcm'), 'pcm', 16000, {
            'dev_pid': 1537,                     # 普通话
        })
        voice = results['result'][0]
        return voice

# 提取出 token 的内容以便使用语音合成功能
host = 'https://aip.baidubce.com/oauth/2.0/token?grant_type=client_credentials&client_id=「」
        &client_secret=「」' # 将「」替换成百度语音应用的授权信息
response = requests.get(host)
if response:
        token = response.json()['access_token']

def reply(body):                                 # 语音回复, body 为回复的内容
    url = '\"' + "http://tsn.baidu.com/text2audio?tex=" + '\"' + body + '\"' +
        "&lan=zh&per=0&pit=7&spd=5&cuid=***&ctp=1&tok=" + token + '\"'
    os.system("mplayer " + "%s" % (url))

# 将......替换成自然语言处理应用的授权信息
APP_ID = '......'
API_KEY = '......'
SECRET_KEY = '......'
# 调用百度 AipNlp 方法并进行 token 验证
client_AN = AipNlp(APP_ID, API_KEY, SECRET_KEY)

def get_emotion(text, options):                  # 调用情绪识别 API 接口
    contents = client_AN.emotion(text, options)
    # 返回结果参看技术文档 https://cloud.baidu.com/doc/NLP/s/tk6z52b9z
    result = contents["items"]                   # 提取分析结果,包括分类标签和标签对应的概率
    emotion = result[0]["label"]                 # 选取概率最大(索引为 0)的分类标签
    return emotion

if __name__ == '__main__':
```

```python
options = {}
options['scene'] = 'talk'                    # 设置为闲聊对话场景

while True:
    print("想说点什么...")                    # 提示使用者语音输入
    toPCM()                                   # 录制语音,转换格式
    text = getVoice()                         # 在线语音识别返回文本结果
    print(text)
    emotion = get_emotion(text,options)       # 情绪识别,返回分类标签
    #print(emotion)
    if emotion == 'optimistic':
        reply("听得出你很高兴哟")
    elif emotion == 'pessimistic':
        reply("不用太悲观,没有你想得那么糟")
    elif emotion == 'neutral':
        reply("看来你心情还不坏嘛")
    time.sleep(5)
```

在以上代码中,先将输入的语音转换成文本,然后调用对话情绪识别 API 接口进行识别,最后通过百度语音合成做出适当的回应。运行程序,分别对着麦克风说出"我今天很高兴"、"感觉很不妙啊"以及"还可以吧",如图 6-17 所示,返回的情绪属性分别为"optimistic" "pessimistic""neutral",然后根据说话者的情绪类别,做出相应的回复。

图 6-17　百度智能云对话情绪识别

第 7 章 树莓派机器视觉应用

本章在 Python 编程环境下利用 OpenCV 实现树莓派视觉感知，学习计算机视觉领域中的典型应用，例如人脸检测、手势识别、运动目标检测与跟踪以及图像显著性区域检测等。

7.1 OpenCV 的安装与使用

OpenCV 是一个强大的图像处理和计算机视觉库，实现了很多实用算法，并在新版本中包含了实现深度神经网络相关功能的模块。以 OpenCV C++实现并封装的 Python 库包括 opencv-python 和 opencv-contrib-python 两个版本，它们具有 OpenCV C++ API 的功能，同时拥有 Python 语言的特性。二者的区别在于，opencv-python 只提供了 OpenCV 的基础模块，而 opencv-contrib-python 还包括了扩展模块。为了适应大多数情况，建议安装 opencv-contrib-python。

本节首先介绍 opencv-contrib-python 的安装方法，以便在树莓派上运行 OpenCV 进行图像处理与智能分析。使用 pip 直接安装 opencv-contrib-python 的命令是 **sudo pip3 install opencv-contrib-python**。用 pip 安装时，默认从源码构建，编译过程比较耗时，甚至有可能会出现编译失败的情况。为了避免上述问题，可以直接从 piwheels 网站（https://www.piwheels.org/simple/opencv-python/）下载树莓派预编译二进制包（例如 opencv_contrib_python-4.1.1.26-cp35-cp35m-linux_armv7l.whl），切换到安装包所在目录，采用离线安装命令（文件名用 Tab 键自动补全）**sudo pip3 install opencv_contrib_python-4.1.1.26-cp35-cp35m-linux_armv7l.whl** 进行安装。

需要说明的是，OpenCV 的 Python 接口 cv2 模块使用 numpy 数组，安装 opencv-contrib-python 之前需要先安装 numpy 库，命令格式为 **sudo pip3 install numpy**。此外，在 Python 中导入和运行 OpenCV 还需要安装其他一些依赖项，在树莓派终端依次输入如下命令：

```
sudo apt-get update
sudo apt-get upgrade
sudo apt-get install libatlas-base-dev
sudo apt-get install libjasper-dev
```

```
sudo apt-get install libqtgui4
sudo apt-get install libqt4-test
sudo apt-get install libhdf5-dev
```

安装完毕后,在树莓派终端输入如图 7-1 所示的命令检查 OpenCV 是否安装成功。如果显示如图 7-1 所示的 OpenCV 版本信息,则表示安装成功。

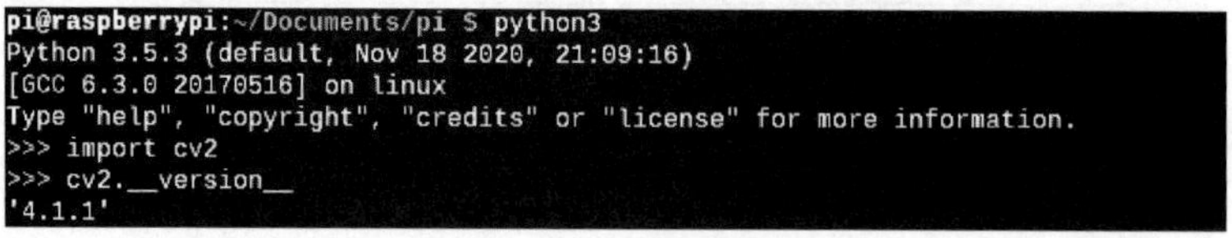

```
pi@raspberrypi:~/Documents/pi $ python3
Python 3.5.3 (default, Nov 18 2020, 21:09:16)
[GCC 6.3.0 20170516] on linux
Type "help", "copyright", "credits" or "license" for more information.
>>> import cv2
>>> cv2.__version__
'4.1.1'
```

图 7-1 成功导入 OpenCV

注意:如果 Python 3 环境下 import cv2 报错,一般是因为缺少某个依赖项,可以根据错误提示补充安装对应的缺失库。

下面从加载图片、拍摄视频并进行简单处理入手来介绍 OpenCV 的基本操作。在 Thonny Python IDE 中打开 opencv_img.py,脚本内容如下:

```
import cv2

img = cv2.imread('lena.jpg')                    # 加载当前目录下的图像,赋给 img(numpy 数组)
cv2.imshow('image',img)                         # 在名为 image 的窗口中显示图像
height, width = img.shape[:2]                   # 获取图像的高度与宽度
print(height, width)
# 采用双三次插值将图像的长和宽均扩大为原来的 2 倍
res = cv2.resize(img,(2*width, 2*height), interpolation = cv2.INTER_CUBIC)
print(res.shape)                                # 获取插值后图像的高度、宽度和深度(颜色通道)
print(res.dtype)                                # 查看数据的类型

k = cv2.waitKey(0)                              # 等待按键,返回所按键的 ASCII 码
if k == 27:                                     # 按 Esc 键退出
    cv2.destroyAllWindows()
elif k == ord('s'):                             # 按 S 键保存图像并退出
    cv2.imwrite('lena.png',res)
    cv2.destroyAllWindows()                     # 销毁全部窗口
```

运行结果如图 7-2 所示,原图宽和高为 512px,插值处理后图像宽和高变为 1024px。

类似地,新建脚本 opencv_vid.py,输入以下内容并在 Thonny 中运行,可以实时显示视频帧,也可以将当前帧保存为图片。

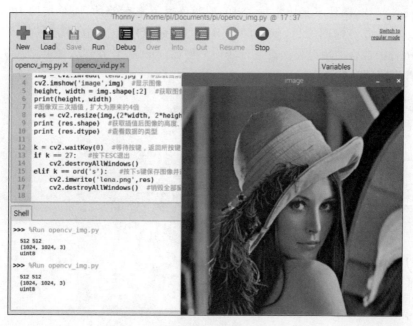

图 7-2 导入图片并调整图片大小

```
import cv2

id = input('输入采集对象的序号: ')

cap = cv2.VideoCapture(0)                              # 创建 VideoCapture 对象,打开摄像头
#cap = cv2.VideoCapture("test.mp4")                    # 打开本地视频
cap.set(3, 640)                                        # 设置摄像头参数,3:宽 4:高
cap.set(4, 480)

while cap.isOpened():                                  # 摄像头/视频打开成功
    ret, frame = cap.read()                            # 获得视频帧
    print ("frame.shape: {}".format(frame.shape))      # 输出当前帧的高度、宽度和深度
    cv2.imshow("capture", frame)                       # 显示帧

    k = cv2.waitKey(10)                                # 返回按键的 ASCII 码
    if k == 27:                                        # 按 Esc 键退出
        break
    elif k == ord('s'):                                # 按 S 键保存图像并退出
        cv2.imwrite('person' + str(id) + '.jpg',frame)
        break

cap.release()                                          # 释放摄像头资源
cv2.destroyWindow("capture")                           # 关闭显示窗口
```

在 OpenCV 中，图像不是用常规的 RGB 颜色通道来存储的，而是按照 BGR 顺序，即 cv2.imread()读取一幅图像后，默认的是 BGR 顺序。OpenCV 在与其他图像处理库（如 pillow、skimage）混合使用时要注意进行转换。例如，OpenCV 在读入图片后可以通过以下方法实现颜色通道的转换：

```python
import cv2

img = cv2.imread('lena.jpg')
img2 = cv2.cvtColor(img, cv2.COLOR_BGR2RGB)    # BGR 转 RGB
# 也可以通过下面的方式
b, g, r = cv2.split(img)                        # 分离 3 个颜色通道
img2 = cv2.merge([r, g, b])                     # 融合 3 个颜色通道生成新图片
```

7.2 人脸检测与识别

7.2.1 人脸检测

使用 OpenCV 中自带的基于 Haar 特征的级联分类器进行人脸检测是一个经典的应用。树莓派安装完 OpenCV 后，在/usr/local/lib/python3.5/dist-packages/cv2/data/目录下可以找到描述人脸特征的 XML 文件，它们保存的是普适的、训练好的 haar 特征分类器。这些分类器从宽松到严格的顺序依次为 haarcascade_frontalface_default.xml、haarcascade_frontalface_alt.xml、haarcascade_frontalface_alt2.xml 和 haarcascade_frontalface_alt_tree.xml。

在静态图片中检测人脸的过程比较简单，先加载 XML 文件生成级联分类器，然后用该分类器对灰度图像进行多尺度检测，获得图片中人脸矩形区域的左上角坐标和宽高。创建脚本文件 img_face_detection.py，输入以下内容：

```python
import cv2

def detect(filename):
    # 加载 XML 文件生成级联分类器 face_cascade
    face_detector = cv2.CascadeClassifier('/usr/local/lib/python3.5/dist-packages/cv2/
                    data/haarcascade_frontalface_default.xml')
    img = cv2.imread(filename)
    gray = cv2.cvtColor(img, cv2.COLOR_BGR2GRAY)        # 转化成灰度图

    '''检测图像中的人脸，返回所有人脸的矩形框向量，scaleFactor(默认值为 1.1)表示每次
    图像尺寸减小的比例，以便检测到不同大小的人脸；minNeighbors(默认值为 3)表示至
    少要被检测到多少次才被认为是人脸'''
    face_rects = face_detector.detectMultiScale(gray, scaleFactor = 1.1, minNeighbors = 3)
```

```
    #用矩形框框出每张人脸
    for (x,y,w,h) in face_rects:
        cv2.rectangle(img, (x,y), (x+w,y+h), (255,0,0),2)    #蓝色框(B=255,G=R=0)
    cv2.imshow('Face Detector', img)
    k = cv2.waitKey(0)
    if k == 27:                                              #按Esc键退出
        cv2.destroyAllWindows()
    elif k == ord('s'):                                      #按S键保存图像并退出
        cv2.imwrite('face.jpg',img)
        cv2.destroyAllWindows()

detect('HEAT.jpg')
```

在 Thonny Python IDE 中运行程序,结果如图 7-3(a)所示。调整检测函数 detectMultiScale() 的参数值可以使检测结果更加精确。此外,如需实现图片中的笑脸检测,只需在加载 XML 文件生成级联分类器时将 haarcascade_frontalface_default.xml 替换为 haarcascade_smile.xml 即可。

(a) 图像人脸检测

(b) 视频人脸检测

图 7-3　人脸检测结果

视频中检测人脸的操作与静态图像相似,只是从摄像头读出每帧图像再进行检测。新建脚本 vid_face_detection.py,输入以下代码:

```
import cv2

face_cascade = cv2.CascadeClassifier('/usr/local/lib/python3.5/dist-packages/cv2/data/
            haarcascade_frontalface_default.xml')
cap = cv2.VideoCapture(0)                                    #开启摄像头

while cap.isOpened():
    ret, frame = cap.read()                                  #获取一帧图像
    #使用 INTER_AREA 插值法将图像的宽与高缩小为原来的一半
    frame = cv2.resize(frame, None, fx=0.5, fy=0.5,
```

```
                    interpolation = cv2.INTER_AREA)
        gray = cv2.cvtColor(frame, cv2.COLOR_BGR2GRAY)

        face_rects = face_cascade.detectMultiScale(gray, 1.1, minNeighbors = 5)
        for (x, y, w, h) in face_rects:
            cv2.rectangle(frame, (x, y), (x + w, y + h), (255, 0, 0), 2)
        cv2.imshow('Face Detector', frame)
        if cv2.waitKey(1) & 0xff == ord("q"):            #按 Q 键退出
            break

cap.release()
cv2.destroyAllWindows()
```

运行程序,人脸检测结果如图 7-3(b)所示。利用 OpenCV 自带的级联分类器一般可以正确提取人脸区域,但在没有正面清晰的人脸视图的应用中可能会出现误检或漏检。在这种情况下,可以通过调整参数或者增加图像预处理来提高检测效果。

下面在人脸检测的基础上进一步实现眼睛和鼻子的检测。只需修改脚本 vid_face_detection.py,在其中加载描述眼睛和鼻子特征的 XML 文件,生成各自的级联分类器,并利用它们在提取出的人脸区域进行眼睛和鼻子的检测,代码如下:

```
import cv2

face_cascade = cv2.CascadeClassifier('/usr/local/lib/python3.5/dist - packages/cv2/data/
            haarcascade_frontalface_default.xml')
eye_cascade = cv2.CascadeClassifier('/usr/local/lib/python3.5/dist - packages/cv2/data/
            haarcascade_eye.xml')
nose_cascade = cv2.CascadeClassifier('./haarcascade_mcs_nose.xml')

cap = cv2.VideoCapture(0)
while cap.isOpened():
    ret, frame = cap.read()
    frame = cv2.resize(frame, None, fx = 0.5, fy = 0.5, interpolation = cv2.INTER_AREA)
    gray = cv2.cvtColor(frame, cv2.COLOR_BGR2GRAY)

    face_rects = face_cascade.detectMultiScale(gray, 1.1, minNeighbors = 5)
    for (x, y, w, h) in face_rects:
        cv2.rectangle(frame, (x, y), (x + w, y + h), (255, 0, 0), 2)    #用蓝色框标记人脸
        roi_gray = gray[y:y + h, x:x + w]                               #提取人脸区域
        roi_color = frame[y:y + h, x:x + w]                             #视频帧中的人脸区域图像

        eye_rects = eye_cascade.detectMultiScale(roi_gray)              #在人脸区域检测眼睛
        nose_rects = nose_cascade.detectMultiScale(roi_gray, 1.3, 5)    #在人脸区域检测鼻子
```

```
            for (x_eye, y_eye, w_eye, h_eye) in eye_rects:
                center = (int(x_eye + 0.5 * w_eye), int(y_eye + 0.5 * h_eye))
                radius = int(0.3 * (w_eye + h_eye))
                cv2.circle(roi_color, center, radius, (0, 255, 0), 2)    #用绿色圆框标记眼睛

            for (x_nose, y_nose, w_nose, h_nose) in nose_rects:
                cv2.rectangle(roi_color, (x_nose, y_nose), (x_nose+w_nose, y_nose+h_nose),
                        (0,0,255), 2)                                    #用红色框标记鼻子
            break

    cv2.imshow('Eye and nose Detector', frame)
    if cv2.waitKey(1) & 0xff == ord("q"):                                #按Q键退出
        break

cap.release()
cv2.destroyAllWindows()
```

保存为 eye_nose_detection.py,运行程序,得到如图 7-4 所示的结果。需要说明的是,前面安装好的 OpenCV 里不包括 haarcascade_mcs_nose.xml,需要自行下载并存放到当前工作目录。

7.2.2 人脸识别

人脸识别是指能够鉴别或验证图像/视频中主体身份的技术,在计算机视觉和生物特征识别相关领域得到了广泛应用。本节首先介绍一种常用的人脸识别方法,即 OpenCV 自带的基于局部二值模式的人脸识别。

图 7-4 眼睛与鼻子检测结果

该方法通过对图像进行 LBP 特征提取,对得到的 LBP 特征图进行分块并计算每个分块的直方图,将各块的直方图首尾相连得到图像的 LBP 特征描述向量,计算两张图像 LBP 特征向量的相似度来实现人脸识别。

首先,对 12 个测试者分别采集 15 张脸部图像组成训练数据集,所有图像的大小都转换成 112×92px。新建脚本 face_dataset.py,输入以下内容:

```
import cv2

cap = cv2.VideoCapture(0)
cap.set(3, 640)
cap.set(4, 480)

face_detector = cv2.CascadeClassifier('/usr/local/lib/python3.5/dist-packages/cv2/data/
        haarcascade_frontalface_default.xml')                            #加载分类器
```

```python
face_id = input('输入人脸样本采集对象的序号：')
print("请对准摄像头,采集过程中可以改变脸部角度和表情")
count = 0                                                    #人脸样本数

while cap.isOpened():
    ret, frame = cap.read()
    gray = cv2.cvtColor(frame, cv2.COLOR_BGR2GRAY)
    faces = face_detector.detectMultiScale(gray, 1.05, 5)

    for (x,y,w,h) in faces:
        cv2.rectangle(frame, (x,y), (x+w,y+h), (255,255,255), 2)
        count += 1
        roi = cv2.resize(gray[y:y+h,x:x+w],(92,112))         #调整到112×92
        #将检测到的人脸区域保存为图片,例如 person.1.1 表示第一个人的第一张人脸
        cv2.imwrite("./dataset/person." + str(face_id) + '.' + str(count) + ".jpg", roi)
        cv2.imshow('image', frame)

    k = cv2.waitKey(100) & 0xff
    if k == 27:                                              #按 Esc 键退出
        break
    elif count >= 20:   #采集 20 张人脸图像(存在错误的检测)后退出,从中挑选出 15 张
        break

cap.release()
cv2.destroyAllWindows()
```

运行程序采集人脸图像,存储在当前目录下的 dataset 子目录下,图 7-5 中列出了每个测试者的一张人脸图像。

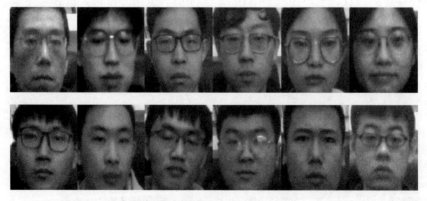

图 7-5 样本图像(依次对应 person1,person2,…,person12)

下面对样本数据进行训练,得到人脸识别模型,其脚本文件 face_training.py 内容如下:

```python
import cv2
import numpy as np
import os

path = './dataset'
recognizer = cv2.face.LBPHFaceRecognizer_create()          #生成 LBPH 识别器实例模型

def ImageandLabel(path):                                   #获取图片与对应的标签
    '''os.listdir 读取到目录下面所有的文件名,
    os.path.join 把目录的路径和文件名结合起来,得到文件的绝对路径'''
    imagePaths = [os.path.join(path,f) for f in os.listdir(path)]
    faceSamples = []
    ids = []

    for imagePath in imagePaths:
        img = cv2.imread(imagePath,cv2.IMREAD_GRAYSCALE) #读入灰度图片
        '''os.path.split()命令按照路径将文件名和路径分割开,通过 split 拆分,
        索引[1]对应人的标签'''
        face_id = int(os.path.split(imagePath)[-1].split(".")[1])
        faceSamples.append(img)
        ids.append(face_id)
    return faceSamples,ids

print ("训练人脸样本...")
faces,ids = ImageandLabel(path)
recognizer.train(faces, np.array(ids))                     #训练样本集
recognizer.write('trainer/trainer.yml')                    #保存模型
print("样本训练完毕")
```

注意:如果读者安装的是 opencv-python(sudo pip3 install opencv-python),那么执行上面的程序时会提示 module 'cv2.cv2' has no attribute 'face',这是因为在 OpenCV 基础库中不包含 face 模块,需要安装 opencv-contrib-python。

最后,利用训练得到的 LBPH 识别器对摄像头捕获的实时视频进行人脸识别,过程如下:从摄像头抓取一帧图像并转化为灰度图像,检测其中的人脸,将得到的人脸区域规则化为 112×92px 的大小,再通过人脸识别器来预测人脸对应的标签。创建脚本 vid_face_recognition.py,代码如下:

```python
import cv2
import numpy as np
import os

recognizer = cv2.face.LBPHFaceRecognizer_create()          #创建人脸识别器
```

```python
    recognizer.read('trainer/trainer.yml')                          # 加载识别器模型
    faceCascade = cv2.CascadeClassifier('/usr/local/lib/python3.5/dist-packages/cv2/data/
        haarcascade_frontalface_default.xml')

    cap = cv2.VideoCapture(0)
    cap.set(3, 640)
    cap.set(4, 480)

    while cap.isOpened():
        ret, img = cap.read()
        gray = cv2.cvtColor(img,cv2.COLOR_BGR2GRAY)
        faces = faceCascade.detectMultiScale( gray,scaleFactor = 1.05,minNeighbors = 5 )

        for(x,y,w,h) in faces:
            cv2.rectangle(img, (x,y), (x+w,y+h), (255,255,255), 2)
            roi = cv2.resize(gray[y:y+h,x:x+w],(92,112))            # 人脸区域调整为 112 × 92
            # 人脸预测，返回的 id 和 confidence 分别是标签与置信度
            id, confidence = recognizer.predict(roi)

            # 置信度评分用来衡量所识别人脸与原模型的差距，0 表示完全匹配
            if (confidence < 100):
                confidence = " {0}%".format(round(100 - confidence))
            else:
                id = "unknown"
                confidence = " {0}%".format(round(100 - confidence))

            cv2.putText(img,"person: " + str(id), (x+5,y-5), cv2.FONT_HERSHEY_SIMPLEX,
                1, (255,255,255), 2)
            cv2.putText(img, str(confidence), (x+5,y+h-5), cv2.FONT_HERSHEY_SIMPLEX,
                1, (255,255,255), 1)
        cv2.imshow('Recognizing face',img)

        if cv2.waitKey(10) & 0xff == 27:                            # 按 Esc 键退出
            break

    cap.release()
    cv2.destroyAllWindows()
```

运行结果如图 7-6 所示，可以看到，视频中的两张人脸能够被正确地识别为 person1 和 person7，但置信度评分较低。训练样本数偏少、实测与训练样本的成像条件相差较大，都对人脸识别的结果产生了较大的影响。

另外，采用 Python 第三方库 face_recognition 可以轻松实现人脸的查找与识别，准确率非常高。该人脸识别库使用 dlib(一个机器学习开源库，不依赖于其他库)最先进的人脸识别技术构建而成，并具有深度学习功能。终端输入命令 **sudo pip3 install face_recognition** 完

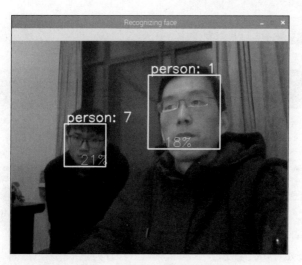

图 7-6　LBPH 人脸识别结果

成 face_recognition 的安装，安装过程中会自动安装 numpy、Pillow、dlib、face-recognition-models 等依赖库。为避免在线安装或编译过程出错，可从 piwheels 官网将相应的 .whl 文件下载到本地并进行离线安装。

　　安装 face_recognition 库后，可以使用 face_recognition 和 face_detection 两种命令行工具。前者是在单张图片或一个图片目录中识别出是谁的脸，后者是在单张图片或一个图片目录中定位人脸位置。下面举例说明 face_recognition 命令行工具的使用方法。建立一个图片目录 known_pictures，其中包含已经认识的每个人的一张照片，图片命名为对应的人名，将需要识别的图片放入第二个目录 unknown_pictures 中。两个目录包含的图片如图 7-7 所示。使用 face_recognition 命令行，传入这两个图片目录，会输出未知图片中人脸对应的人名，其中每一行对应图片中的一张脸，图片名字和对应的人脸识别结果用逗号分开。例如，在命令行输入 **face_recognition ./known_pictures/ ./unknown_pictures/**，会得到如图 7-8(a)所示的输出结果。

图 7-7　known_pictures 和 unknown_pictures 目录内容

　　图 7-8(a)中的结果表明图片 xing.jpg 中的人脸被判定为 bao，从图 7-7 来看，该结果与

```
pi@raspberrypi:~/Documents/pi $ face_recognition ./known_pictures/ ./unknown_pictures/
./unknown_pictures/xing.jpg,bao
./unknown_pictures/fang.JPEG,bao
```

(a) 使用默认参数

```
pi@raspberrypi:~/Documents/pi $ face_recognition --tolerance 0.5 ./known_pictures/ ./unk
nown_pictures/
./unknown_pictures/xing.jpg,bao
./unknown_pictures/fang.JPEG,unknown_person
```

(b) 调整参数

图 7-8　使用 face_recognition 命令行工具

事实相符，但 fang.JPEG 却被错误识别为 bao。针对使用过程中出现待识别人脸匹配错误的情况，可以在 face_recognition 命令行中减少 --tolerance 参数的值（默认为 0.6）使得人脸对比过程更加严格。例如，将上面的命令行修改为 **face_recognition --tolerance 0.5 ./known_pictures/ ./unknown_pictures/**，输出结果如图 7-8(b) 所示，人脸识别结果是正确的，其中 unknown_person 表示 fang.JPEG 中的人脸与已知人脸图片目录中的任何一个人都不对应。

对于 face_detection 命令行工具，只需传入一个图片目录或单张图片就可以进行人脸位置检测。例如，在命令行输入 **face_detection ./face_pictures/** 就会输出图片中的人脸区域，结果如图 7-9 所示，其中每一行都对应图片中的一张人脸，输出值为人脸区域的顶部、右侧、底部、左侧边界。两张图片中人脸检测结果如图 7-10 所示。

```
pi@raspberrypi:~/Documents/pi $ face_detection ./face_pictures/
./face_pictures/xiyou.jpg,128,377,277,228
./face_pictures/xiyou.jpg,95,228,244,78
./face_pictures/dianqiuxiang.jpg,54,371,141,285
./face_pictures/dianqiuxiang.jpg,131,112,218,26
./face_pictures/dianqiuxiang.jpg,83,486,170,400
```

图 7-9　使用 face_detection 命令行工具

图 7-10　人脸检测结果

接下来，介绍基于 face_recognition 库实现摄像头动态获取视频内的人脸识别，其过程如下：利用前面介绍的 opencv_vid.py 脚本，采集已知人脸图像并保存在 known_pictures 目录中；通过对已知人脸图像进行面部编码，与视频中检测到的人脸进行比对，完成人脸识别。新建脚本 face_recognizer.py，输入以下内容：

```python
import os
import face_recognition
import cv2
import numpy as np

path = "./known_pictures"                    # 已知人脸所在的文件夹
person_encodings = []
person_names = []

# 从路径下加载每个人的人脸图片,进行面部编码
imagePaths = [os.path.join(path,f) for f in os.listdir(path)]
for imagePath in imagePaths:
    name = os.path.split(imagePath)[-1].split(".")[0]    # 从绝对目录中提取出图像名
    img = face_recognition.load_image_file(imagePath)
    '''由于没有指定人脸位置,face_encodings 会先自动调用 face_locations
    查找人脸位置,再进行面部编码'''
    person_encoding = face_recognition.face_encodings(img)[0]
    person_encodings.append(person_encoding)
    person_names.append(name)

face_locations = []
face_encodings = []
face_names = []
frame_num = 0

cap = cv2.VideoCapture(0)
cap.set(3, 352)
cap.set(4, 288)
while cap.isOpened():
    ret, frame = cap.read()
    rgb_img = frame[:, :, ::-1]              # OpenCV 的 BGR 格式转换为 RGB 格式

    if frame_num % 3 == 0:                   # 每隔 3 帧图像处理一次
        # 对当前帧人脸定位,并对脸部区域进行面部编码
        face_locations = face_recognition.face_locations(rgb_img)
        face_encodings = face_recognition.face_encodings(rgb_img, face_locations)
        face_names = []
        for face_encoding in face_encodings:
            matches = face_recognition.compare_faces(person_encodings, face_encoding,
                                                    tolerance = 0.5)      # 与已知人脸比对
            print(matches)
            name = "unknown"                 # 默认为 unknown
            '''若存在匹配,将差距最小的作为人脸的身份'''
            face_distances = face_recognition.face_distance(person_encodings,
                    face_encoding)           # 计算当前人脸与已知人脸的距离
            print(face_distances)
```

```
                best_match = np.argmin(face_distances)
                if matches[best_match]:
                    name = person_names[best_match]
                face_names.append(name)
        frame_num += 1

        #遍历查找到的人脸,标识结果
        for (top, right, bottom, left), name in zip(face_locations, face_names):
            cv2.rectangle(frame, (left, top), (right, bottom), (255, 255, 255), 2)
            cv2.putText(frame, name, (left + 6, bottom - 6), cv2.FONT_HERSHEY_SIMPLEX,
                0.5, (255, 255, 255), 2)

        cv2.imshow('Recognizing face', frame)
        if cv2.waitKey(10) & 0xFF == 27:         #按 Esc 键退出
            break

cap.release()
cv2.destroyAllWindows()
```

上例中为了节省算法的运行时间,设定每 3 帧图像进行一次人脸识别。在 Thonny Python IDE 中运行程序,可以得到视频中人脸与所有已知人脸的距离以及是否匹配的结果。如图 7-11 所示,视频中的 person1 被正确识别,而另一个不在已知人脸目录中的人脸因为没有找到匹配结果而被标注为 unknown。

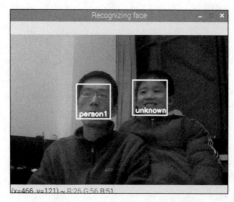

图 7-11　face_recognition 库人脸识别

7.3　手势识别

手势识别是指跟踪人类手势、识别其表示并转换为语义上有意义的命令的过程,是当前一种非常重要的人机交互技术。本节将使用摄像头采集手部图像,完成特定手势的识别,并通过语音播报识别结果。

百度智能云平台的人体分析功能可以识别 24 类手势（除识别手势外，若图像中检测到人脸，会同时返回人脸框位置），利用其提供的 API 接口就可以轻松实现基于树莓派视觉感知的手势识别。下面举例说明，首先，远程登录树莓派，启用摄像头功能，并通过 pip 安装百度 aip 库，命令格式为 **sudo pip3 install baidu-aip**。然后，进行必要的配置以便使用百度的手势识别功能，登录 https://cloud.baidu.com/doc/BODY/index.html 页面，单击"立即使用"并利用百度账号登录，创建应用获取 AppID、API Key 和 Secret Key 信息，该过程与 4.3.2 节中介绍的百度在线语音合成工具的配置类似，此处不再赘述。配置完成后的应用详情如图 7-12 所示。

图 7-12 百度手势识别应用配置

最后，新建脚本 gesture_recognition.py，输入以下代码：

```
import os
from aip import AipBodyAnalysis
import cv2
import requests

'''手势识别 Python SDK 文档给出的 24 种手势类型,除识别手势外,
若图像中检测到人脸,会同时返回人脸框位置'''
gestures = {'One':'数字1','Five':'数字5','Fist':'拳头','Ok':'OK',
        'Prayer':'祈祷','Congratulation':'作揖','Honour':'作别',
```

```python
             'Heart_single':'比心心','Thumb_up':'点赞','Thumb_down':'Diss',
             'ILY':'我爱你','Palm_up':'掌心向上','Heart_1':'双手比心1',
             'Heart_2':'双手比心2','Heart_3':'双手比心3','Two':'数字2',
             'Three':'数字3','Four':'数字4','Six':'数字6','Seven':'数字7',
             'Eight':'数字8','Nine':'数字9','Rock':'Rock','Insult':'竖中指','Face':'脸'}

#??????替换为自己申请的百度人体分析的授权信息
GestureAPP_ID = '??????'
GestureAPI_KEY = '??????'
GestureSECRET_KEY = '??????'

Gestureclient = AipBodyAnalysis(GestureAPP_ID, GestureAPI_KEY, GestureSECRET_KEY)

#下句中的「」替换成自己申请的百度语音合成的API Key 和Secret Key
host = 'https://aip.baidubce.com/oauth/2.0/token?grant_type=client_credentials&client_id
       =「」&client_secret=「」'
response = requests.get(host)
if response:
    print(response.json())
    token = response.json()['access_token']          #提取出token的内容

def get_file_content(filePath):                       #读取图像
    with open(filePath, 'rb') as fp:
        return fp.read()

cap = cv2.VideoCapture(0)
cap.set(3, 352)                                       #设置宽度
cap.set(4, 288)                                       #设置高度
frame_num = 0

while cap.isOpened():
    ret, frame = cap.read()                           #获得帧
    if frame_num % 5 == 0:                            #每隔5帧图像处理一次
        cv2.imwrite('gesture.jpg',frame)              #保存图像帧到当前目录
        image = get_file_content('gesture.jpg')       #读取图像,为字节型(bytes)数据

        '''调用百度手势识别API,技术文档参见https://cloud.baidu.com/doc/BODY/s/Yk3cpymjy'''
        message = Gestureclient.gesture(image)
        print(message)
        num = message['result_num']                   #获取到结果个数
        if num == 0:
            say = '没有识别到人体动作'
            cv2.imshow("gesture", frame)
        else:
            results = message['result']                #提取出result的内容
```

```python
            content = []
            say = ''
            for i,result in enumerate(results):              #标识出所有识别结果并生成语音
                classname = result['classname']
                print('第%d个识别结果为%s,' % (i+1,gestures[classname]))
                content.append('第%d个识别结果为%s,' % (i+1,gestures[classname]))
                cv2.rectangle(frame, (result['left'],result['top']),(result['left'] + result
                    ['width'], result['top'] + result['height']), (255, 255, 255), 2)
                cv2.putText(frame, classname, (result['left']+6, result['top']+result['height']
                    -6), cv2.FONT_HERSHEY_SIMPLEX, 0.6, (255, 255, 255), 2)
            cv2.imshow("gesture", frame)

            for j in range(len(content)):
                say += str(content[j])                        #组合成最终的语音播报内容

            #语音播报手势识别结果
            url = '\"' + "http://tsn.baidu.com/text2audio?tex=" + '\"' + say + '\"' + "&lan=zh&
                per=0&pit=7&spd=5&cuid=***&ctp=1&tok=" + token + '\"'
            os.system("mplayer" + "%s" % (url))

        frame_num += 1

        if cv2.waitKey(200) & 0xff == 27:                     #按Esc键退出
            break

cap.release()                                                 #释放资源
cv2.destroyWindow("gesture")                                  #关闭显示窗口
```

运行程序,结果如图7-13所示,可以正确识别手势类型和人脸,并给出了图像中手部和人脸区域的位置信息。此外,还可以听到通过语音合成播报的识别结果。由于代码中增加了语音功能,所以会对手势识别的运行造成一定的延迟,可以根据需要屏蔽该功能。

需要说明的是,百度手势识别对上传的图像数据有严格的要求,必须是经过base64编码后的string类型。如果读者参照网络上的转换方法直接将采集的视频帧图像进行base64编码,那么程序运行时会提示图片格式错误("error_msg"="image format error")。实际上,调用百度手势识别API函数Gestureclient.gesture(image)时会自动运行bodyanalysis.py脚本,其中已经包含了"base64.b64encode(image).decode()",如图7-14所示,该语句的作用就是将传入的数据进行base64编码后再转换为string类型。因此,使用者只需读入图像数据,然后调用百度手势识别API函数即可。

注意:手势识别时上传的图像数据是经过base64编码后的string类型,数据转换过程在bodyanalysis.py脚本中已实现,无须再重复进行base64编码,否则会报错。

图 7-13 手势识别结果

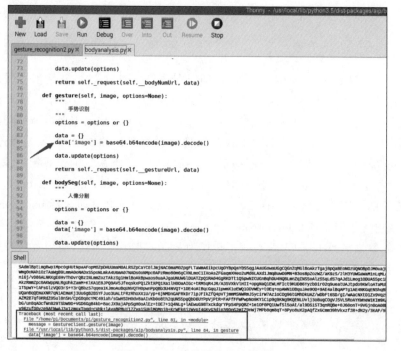

图 7-14 上传的图片格式错误

7.4 运动目标检测

本节基于树莓派与摄像头实现运动目标的检测。背景减除法是运动目标检测的常用方法，其主要思路是：对图像中的每个像素建立背景模型并进行更新，通过判断待检测图像中每个像素与各自的背景模型是否相匹配来决定该像素属于背景或是前景。混合高斯背景建模是一种比较有代表性的背景减除法。该算法将各像素的背景模型用若干个高斯分布加权的形式来描述，对光照变化和背景扰动具有鲁棒性，其缺点在于计算量较大，背景建模与更新过程相对复杂。比较而言，ViBe 是一种非常简单和高效的运动检测算法，计算复杂度低（只涉及整数的加减与比较运算），检测效果良好，非常适合嵌入式系统应用。

ViBe 算法只需第一帧图像就可以完成背景模型的初始化。对于每个像素，在其 8 邻域中随机抽取足够数量的像素（例如 15 个，某些邻域像素会被多次抽取）作为背景模型样本。待检测帧中的像素与各自的背景模型样本逐个比对，当像素值差的绝对值低于某个阈值时认为当前像素与背景模型样本匹配。如果至少存在两个匹配的背景模型样本，则当前像素被认为是背景。背景模型的更新不是直接去除最老的样本，而是按某一概率随机选取需要丢弃的样本，然后用新的邻域像素代替。ViBe 算法的具体步骤可参考原文（*ViBe：A universal background subtraction algorithm for video sequences*），这里不再展开论述。

为了保证目标检测的完整性，准确得到目标中心位置，有必要对 ViBe 算法检测到的目标区域进行形态学后处理，如去除孤立的小块区域和孔洞。这需要用到图像处理库 scikit-image，输入命令 **sudo pip3 install scikit-image** 安装即可。下面给出 ViBe 算法的具体实现。新建脚本 ViBe.py，输入以下代码：

```
import time
import numpy as np
import cv2
from skimage import morphology


NUM_SAMPLES = 15                          #每个像素点的样本个数
MIN_MATCHES = 2                           #最小匹配次数,超过此值,则认为是背景像素
RADIUS = 20                               #匹配半径(像素差的阈值)
Sample_Factor = 16                        #采样概率

#根据帧的宽高,构建图像中每个像素的邻域数组
m_samples = np.zeros((NUM_SAMPLES,288,352),dtype=np.uint8)
m_FgCount = np.zeros((288,352))           #每个像素被判断为前景的次数
m_mask    = np.zeros((288,352))           #前景模板

def ProcessFirstFrame(img):               #以第一帧建立背景模型,采用numpy来操作,提高运行速度
    global m_samples
    rows,cols = img.shape
```

```python
#生成随机偏移数组,用于计算随机选择的邻域坐标
ramoff_x = np.random.randint(-1,2,size=(NUM_SAMPLES,rows,cols))
ramoff_y = np.random.randint(-1,2,size=(NUM_SAMPLES,rows,cols))

xr = np.tile(np.arange(cols),(rows,1))           #按行进行复制
yc = np.tile(np.arange(rows),(cols,1)).T         #按列进行复制
x = np.zeros((NUM_SAMPLES,rows,cols))
y = np.zeros((NUM_SAMPLES,rows,cols))
for i in range(NUM_SAMPLES):
    x[i] = xr                                    #列坐标
    y[i] = yc                                    #行坐标
x = x + ramoff_x
y = y + ramoff_y

x[x<0] = 0                                       #将小于图像最小列数的值做修正
cc = x[:,:,-1]                                   #-1表示x的最后一列,将超出图像最大列数的值做修正
cc[cc>=cols] = cols-1
x[:,:,-1] = cc
y[y<0] = 0                                       #将小于图像最小行数的值做修正
rr = y[:,-1,:]                                   #-1表示y的最后一行,将超出图像最大行数的值做修正
rr[rr>=rows] = rows-1
y[:,-1,:] = rr

y = y.astype(int)
x = x.astype(int)
m_samples = img[y,x]

def TestandUpdate(img):                          #目标检测与模型更新
    global m_FgCount,m_samples

    rows,cols = img.shape
    m_mask = np.zeros(img.shape,dtype=np.uint8)  #前景模板

    #计算当前像素值与样本中绝对差值小于匹配半径的个数
    dist = np.abs((m_samples.astype(float) - img.astype(float)).astype(int))
    dist[dist<RADIUS] = 1
    dist[dist>=RADIUS] = 0
    matches = np.sum(dist,axis=0)

    #超过最小匹配次数为背景,否则为前景(其matches值为True)
    matches = matches < MIN_MATCHES
    m_mask[matches] = 255
    m_mask[~matches] = 0

    '''统计像素连续被检测前景的次数,若某个像素连续50次被判定为前景,
```

则认为是静止的前景区域,将其更新为背景点'''
```python
        m_FgCount[matches] = m_FgCount[matches] + 1
        m_FgCount[~matches] = 0
        matches[m_FgCount > 50] = False

        '''背景像素点有 1/Sample_Factor 的概率更新自己的模型样本值,也有 1/Sample_Factor 的
        概率去更新它邻居点的模型样本值'''
        # 更新自己样本集
        factor = np.random.randint(Sample_Factor, size = img.shape)    # 生成每个像素的更新几率
        factor[matches] = Sample_Factor                                # 前景像素无需更新样本集
        # 满足更新自己样本集的索引,factor 可设为 0~Sample_Factor-1 中的任意值
        SelfSamplesInd = np.where(factor == 1)
        SelfSamplesPosition = np.random.randint(NUM_SAMPLES, size = SelfSamplesInd[0].shape)
        sampleInd = (SelfSamplesPosition, SelfSamplesInd[0], SelfSamplesInd[1])
        # 用当前像素替换自己样本集中的一个样本
        m_samples[sampleInd] = img[SelfSamplesInd]

        # 更新邻域样本集
        factor = np.random.randint(Sample_Factor, size = img.shape)
        factor[matches] = Sample_Factor
        SamplesInd = np.where(factor == 1)
        nums = SamplesInd[0].shape[0]
        ramNbOffset = np.random.randint(-1, 2, size = (2, nums))       # 分别对应列和行的偏移
        Nbxy = np.stack(SamplesInd)
        Nbxy += ramNbOffset
        Nbxy[Nbxy < 0] = 0
        Nbxy[0, Nbxy[0, :] >= rows] = rows - 1
        Nbxy[1, Nbxy[1, :] >= cols] = cols - 1
        NbsPos = np.random.randint(NUM_SAMPLES, size = nums)
        NbsampleInd = (NbsPos, Nbxy[0], Nbxy[1])
        m_samples[NbsampleInd] = img[SamplesInd]

        return m_mask

def ObjectCenter(frame, m_mask):                                       # 获取二值图像轮廓并绘制外接矩形框
    contours, cnt = cv2.findContours(m_mask, cv2.RETR_EXTERNAL,
                    cv2.CHAIN_APPROX_SIMPLE)
    if len(contours) != 0:
        area = []
        for k in range(len(contours)):
            area.append(cv2.contourArea(contours[k]))                  # 计算轮廓面积
        max_idx = np.argmax(np.array(area))                            # 选取最长的轮廓
        x, y, w, h = cv2.boundingRect(contours[max_idx])               # 计算轮廓的边界框
        cv2.rectangle(frame, (x,y), (x + w, y + h), (255, 255, 255), 2)  # 画目标外接矩形框
        return [x, y, w, h]                                            # 返回目标外接矩形框信息
```

```python
if __name__ == "__main__":
    cap = cv2.VideoCapture(0)
    cap.set(3, 352)                                         # 设定帧宽
    cap.set(4, 288)                                         # 设定帧高
    cap.set(5, 10)                                          # 设定帧速
    framecount = 0                                          # 帧数

    while cap.isOpened():
        ret, frame = cap.read()                             # 获得图像帧
        gray = cv2.cvtColor(frame, cv2.COLOR_BGR2GRAY)      # 转化成灰度图

        if framecount == 0:                                 # 第一帧用来建模
            ProcessFirstFrame(gray)
            print('背景模型初始化完成!')

            cv2.namedWindow("frame",cv2.WINDOW_NORMAL)
            cv2.namedWindow("mask",cv2.WINDOW_NORMAL)
        else:
            begin = time.perf_counter()
            m_mask = TestandUpdate(gray)                    # 得到前景模板并更新背景模板
            arr    = m_mask > 0                             # 转化为 bool 型
            # 去除孤立的小块
            cleaned = morphology.remove_small_objects(arr, min_size=64)
            # 移除小的孔洞
            cleaned = morphology.remove_small_holes(cleaned, area_threshold=20)
            end = time.perf_counter()
            print('处理时长:' + '%.2f'%(end-begin) + '秒')

            m_mask = np.uint8(cleaned * 255)                # 还原为 8 位单通道图像
            if ObjectCenter(frame,m_mask) is None:
                print("没有检测到运动目标")
            else:
                x, y, w, h = ObjectCenter(frame,m_mask)
                objectX = int(x + w/2.0)
                objectY = int(y + h/2.0)
                print("目标位置:", objectY,objectX)

            cv2.imshow("frame", frame)                      # 显示图像帧
            cv2.imshow("mask", m_mask)                      # 显示检测到的前景目标

        k = cv2.waitKey(1)                                  # 等待按键,返回所按键的 ASCII 值
        if k == 27:                                         # 按 Esc 键退出
            break
        elif k == ord('s'):                                 # 按 S 键保存图像并退出
            cv2.imwrite('object.jpg',frame)
            break
```

```
        framecount = framecount + 1

    cap.release()
    cv2.destroyAllWindows()
```

  运行程序，结果如图 7-15 所示，检测效果良好，能够准确得到目标的中心位置。由于以上代码采用了 numpy 数组操作，所以避免了 for 循环嵌套，极大地提高了运行速度。在树莓派 3B+ 上测试，对每帧图像进行运动目标检测以及形态学处理的时间共计约为 0.2s。

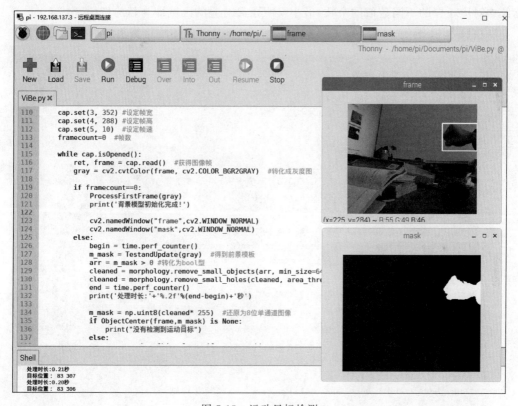

图 7-15 运动目标检测

7.5 运动目标跟踪

  目标跟踪就是在图像序列或视频帧中寻找、定位目标的过程。本节将介绍基于感知哈希的目标跟踪算法。哈希指纹对图像尺度和光照的变化以及目标轻微的旋转具有鲁棒性，因此，可以通过比对哈希指纹来判断目标图像与给定图像区域的相似程度，从而在新的图像帧中搜索目标的位置，具体步骤如下：

(1) 将目标图像转化为灰度图,并缩小至 32×32px 的尺寸,进行 DCT 变换得到 DCT 系数矩阵。

(2) 舍弃 DCT 系数矩阵中的高频分量,仅保留 DCT 系数矩阵左上方 8×8 的子矩阵,这部分代表了目标图像中的低频成分,计算保留的 DCT 系数矩阵的均值。

(3) 遍历 8×8 的系数矩阵,将所有小于均值的系数设为 0,所有大于或等于均值的系数设为 1,按从左到右、从上到下的顺序对 DCT 系数矩阵进行排列,得到的 64 位二进制数就是该目标图像的哈希指纹。

(4) 计算目标图像哈希指纹与滑动窗覆盖图像区域哈希指纹的汉明距离,即两个哈希指纹中对应位置的不同数值的个数,最小汉明距离对应的区域即为新的目标区域。

新建脚本 hash_tracker.py,输入以下内容,创建基于感知哈希算法的目标跟踪器:

```python
import cv2
import numpy as np

def hash_code(roi):
    model = cv2.resize(roi, (32, 32))                        # 缩小至 32 * 32
    model = np.float32(model)                                # 转换位浮点型
    model_dct = cv2.dct(model)                               # DCT 变换
    model_mean = cv2.mean(model_dct[0:8, 0:8])               # DCT 系数矩阵左上角 8 * 8 区域的均值
    return model_dct[0:8, 0:8] > model_mean[0]               # 返回 8 * 8 的哈希指纹

def hamming_distance(model_hash_code, search_hash_code):     # 计算哈希指纹的汉明距离
    diff = np.uint8(model_hash_code) - np.uint8(search_hash_code)
    return cv2.countNonZero(diff)

def hash_track(img, roi, rect, scope = 50, step = 4):
    width = rect[2] - rect[0]                                # 获得目标区域信息
    height = rect[3] - rect[1]
    gray = cv2.cvtColor(img, cv2.COLOR_BGR2GRAY)
    img_h, img_w = gray.shape[:2]                            # 获得图像高宽
    
    model_hash_code = hash_code(roi)                         # 得到哈希指纹
    
    min_dis = 64                                             # 初始化汉明距离
    if scope == 0:                                           # 全图搜索
        x = range(0, img_w - width, step)                    # 滑动窗口步长为 step
        y = range(0, img_h - height, step)
    else:                                                    # 在前一帧目标周边区域搜索
        x = range(max(0, rect[0] - scope), min(rect[2] + scope, img_w - width), step)
        y = range(max(0, rect[1] - scope), min(rect[3] + scope, img_h - height), step)
    for i in x:
        for j in y:
            search_hash_code = hash_code(gray[j:j + height, i:i + width])
```

```
            distance = hamming_distance(model_hash_code, search_hash_code)
            if distance < min_dis:                    # 最小汉明距离对应为目标区域
                rect = i, j, i + width, j + height
                min_dis = distance
    print("汉明距离: ", min_dis)

    roi = gray[rect[1]:rect[3], rect[0]:rect[2]]      # 获得新的匹配模板
    # 画出当前帧目标矩形框位置
    cv2.rectangle(img, (rect[0], rect[1]), (rect[2], rect[3]), (255, 255, 255), 2)
    return roi, rect
```

程序中设定了在当前帧中搜索目标的方式与步长，默认情况下，将在上一帧目标位置的周边区域内进行搜索（调整 scope 改变搜索范围），如果指定 scope 为 0，则在整幅图像内搜索。与目标模板的哈希指纹最相近的区域就是当前帧中目标所在的位置。

下面给出基于感知哈希目标跟踪算法的具体实现。新建脚本 object_tracking.py，输入以下代码：

```
import numpy as np
import time
import cv2
import hash_tracker as h

def object_rectangle(event, x, y, flag, param):             # 鼠标框选待跟踪的目标
    global rect
    if event == cv2.EVENT_LBUTTONDOWN:
        rect[0], rect[1] = x, y
    elif event == cv2.EVENT_MOUSEMOVE and flag == cv2.EVENT_FLAG_LBUTTON:
        rect[2], rect[3] = x, y
    elif event == cv2.EVENT_LBUTTONUP:
        rect[2], rect[3] = x, y

if __name__ == "__main__":
    cap = cv2.VideoCapture(0)
    cap.set(3, 352)
    cap.set(4, 288)
    cap.set(5, 10)
    framecount = 0
    rect = np.zeros((4,), dtype = np.uint32)

    while cap.isOpened():
        ret, frame = cap.read()
        gray = cv2.cvtColor(frame, cv2.COLOR_BGR2GRAY)
        if framecount == 0:                                  # 首帧框选目标
            cv2.namedWindow("Object Tracking", cv2.WINDOW_NORMAL)
```

```
                cv2.imshow('Object Tracking', frame)
                cv2.setMouseCallback('Object Tracking',object_rectangle)     #选择目标区域
                cv2.waitKey(0)                                                #按任意键继续
                roi = gray[rect[1]:rect[3], rect[0]:rect[2]]                  #得到目标区域
            else:
                start_time = time.clock()        #也可以使用 time.perf_counter()或 time.time()
                roi,rect = h.hash_track(frame,roi,rect)                       #感知哈希目标跟踪
                print("目标框位置: ",rect)
                end_time = time.clock()
                print("第%d帧用时:%.2f" % (framecount, end_time - start_time))
                cv2.imshow('Object Tracking', frame)
                if cv2.waitKey(10) == 27:
                    break
                framecount = framecount + 1

        cap.release()
        cv2.destroyAllWindows()
```

运行程序,结果如图 7-16 所示,基本可以实现对目标的连续跟踪。相邻帧中搜索范围被限定在目标周边区域,这样不仅可以减少目标跟丢的情况,也有助于提高算法的运行时间。从图 7-16 中可以看出,树莓派 3B+处理每帧的时间约为 0.25s。

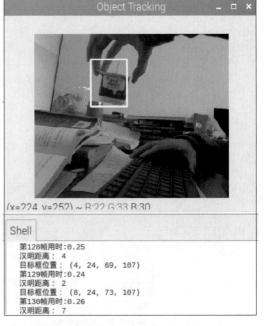

图 7-16 基于感知哈希的目标跟踪

> **注意**：OpenCV 内置了 8 种目标跟踪算法，例如，tracker＝cv2.TrackerTLD_create()可以创建 TLD 跟踪器，tracker.init()函数指定目标区域完成跟踪器的初始化，tracker.update()函数实现目标跟踪。

7.6 显著性检测

前面介绍的基于背景减除法的运动目标检测主要面向图像序列或视频帧，不能用于单幅图像中感兴趣区域或者静止目标的检测与提取。通过视觉显著性分析可以迅速地了解图像信息，将注意力集中在感兴趣区域上，同时忽略周围背景信息的干扰，实现目标的快速精确定位。现有显著性检测算法可以分为自底向上和自顶向下两类方法。前者是指利用纹理、灰度、颜色和边缘等低层次线索来度量显著值，后者是利用高层次先验知识或者从语义分割入手，通过训练学习的方式进行显著性识别。在实际工程应用中，仍以自底向上的方法为主，或对相关算法进行改进与优化，以满足检测准确性与实时性的要求。

本节介绍笔者提出的一种基于超像素迭代合并的显著性区域检测方法。该方法计算复杂度低，具有良好的检测效果，可以应用于基于树莓派的视觉显著性分析，算法具体步骤如下：

（1）对树莓派摄像头采集的图像进行 SLIC(Simple Linear Iterative Clustering)超像素分割，将图像分成 200 块互不重叠的超像素。显著性检测过程在超像素级别上进行，有助于提高检测算法的运行速度。

（2）对所有像素分别与其右边以及下边紧邻的像素进行比较，判断它们各自所属的超像素标号是否一致，如果不一致则说明它们是超像素的边缘点且分属的两个超像素是相邻的，记录这两个超像素的标号，遍历所有的像素可以得到所有相邻超像素对。

（3）计算所有相邻超像素对在 RGB 颜色空间的欧氏距离，将其均值作为阈值，将颜色欧氏距离小于该阈值的超像素进行合并，重复步骤（2）、（3），直到合并后的超像素块数不超过 n 为止（大多数情况下，迭代次数不超过 5 次）。

（4）计算每个超像素块与其他所有超像素块的颜色距离之和以及空间距离之和，例如，超像素块 r_i 与其他超像素块 r_j 的颜色距离 $D_c(r_i,r_j)$ 和空间距离 $D_s(r_i,r_j)$ 分别为：

$$D_c(r_i,r_j) = \text{sqrt}\Big(\sum_{c\in\{R,G,B\}}(\bar{r}_{ic}-\bar{r}_{jc})^2\Big), \quad j\neq i \qquad (7\text{-}1)$$

$$D_s(r_i,r_j) = \text{sqrt}\Big(\sum_{p\in\{x,y\}}(\bar{r}_{ip}-\bar{r}_{jp})^2\Big), \quad j\neq i \qquad (7\text{-}2)$$

其中，$\bar{r}_{ic}$ 和 $\bar{r}_{jc}$ 对应超像素块中所有像素 RGB 分量的均值，$\bar{r}_{ip}$ 和 $\bar{r}_{jp}$ 对应超像素块中所有像素点位置坐标的均值。超像素块 r_i 与其他所有超像素块的颜色距离之和以及空间距离之和作为 r_i 的特征信息，即

$$D_c(r_i) = \sum_{j\neq i}D_c(r_i,r_j), \quad D_s(r_i) = \sum_{j\neq i}D_s(r_i,r_j) \qquad (7\text{-}3)$$

基于特征信息构建综合函数 $D(r_i) = \dfrac{D_c(r_i)}{1 + k * D_s(r_i)}$,其中系数 $k=5$。于是,超像素块 r_i 的显著值表示为 $S(r_i) = 1 - e^{-D(r_i)}$。

(5) 对于每个超像素块,分别求解边界约束与中心约束,并计算最终显著值,生成最终的显著性图。对于超像素块 r_i,其边界约束与中心约束分别定义如下:

$$w_b(r_i) = e^{\left(-t_1 \times \frac{n}{N}\right)}, \quad w_c(r_i) = e^{\left(-t_2 \times \frac{\sum \|p_i - p_c\|_2}{N_i}\right)} \tag{7-4}$$

其中,系数 t_1、t_2 分别取经验值 10 和 0.02,n 为超像素块 r_i 包含图像边界像素点的数目,N 为图像边界像素点的总数目;N_i 是 r_i 中像素点的个数,p_i 表示 r_i 中每个像素的位置坐标,p_c 是图像的中心位置坐标,$\|p_i - p_c\|_2$ 表示 p_i 与 p_c 间的欧氏距离。于是,超像素块 r_i 的最终显著值为

$$S'(r_i) = w_b(r_i) \times w_c(r_i) \times S(r_i) \tag{7-5}$$

显著性检测算法中用到了超像素分割和边界标记函数,需要先安装 scikit-image 库。将待检测图片存放在 images 目录下,处理后的结果保存在 results 目录下。创建脚本 saliency_detection.py,输入以下内容:

```python
from skimage.segmentation import slic,mark_boundaries
import os
import cv2
import numpy as np
import math
import time

K = 200                                           # 设定超像素个数
m_compactness = 40                                # 设定超像素紧凑系数
num = 6                                           # 迭代合并后的超像素块数

if __name__ == '__main__':
    file = os.listdir(r'./images/')
    picnum = len(file)
    for f in range(picnum):
        image = cv2.imread('./images/' + file[f])     # 读取图像
        height = image.shape[0]
        width = image.shape[1]
        
        cycle = 0                                     # 迭代次数
        img_ContoursEX = []                           # 存放超像素迭代合并的结果
        # 下面两行代码分别为图像超像素分区与边界标识
        nlabels = slic(image, n_segments = K, compactness = m_compactness)
        img_ContoursEX.append(mark_boundaries(image,nlabels))
```

```python
nlabels1 = np.copy(nlabels)

while nlabels1.shape[0] > num:          #超像素块数达到设定阈值,停止迭代
    img = image.astype(np.float)
    #下句中 nblock 为超像素块数,unique 去除数组中的重复数字,进行排序
    nblock = (np.unique(nlabels)).shape[0]
    img_sum = np.zeros((nblock,3))          #RGB3 个通道
    img_mean = np.zeros((nblock,3))

    #计算超像素块的均值
    for k in range(nblock):
        m = np.argwhere(nlabels == k)[:,0]       #返回数组中满足条件的像素位置
        n = np.argwhere(nlabels == k)[:,1]       #m 和 n 分别为行和列
        for i in range(m.shape[0]):
            img_sum[k,:] = img_sum[k,:] + img[m[i],n[i],:]
        img_mean[k,:] = img_sum[k,:] / m.shape[0]

    result = [[],[]]                #用于存放相邻块的序号,每列对应 2 个相邻块的序号
    for i in range(height):                    #遍历寻找相邻超像素对
        for j in range(width):
            if i != height - 1 :
                if nlabels[i, j] != nlabels[i + 1, j]:
                    result[0].append(nlabels[i, j])
                    result[1].append(nlabels[i + 1, j])
            if j != width - 1 :
                if nlabels[i, j] != nlabels[i, j + 1]:
                    result[0].append(nlabels[i, j])
                    result[1].append(nlabels[i, j + 1])
    result = np.array(result)                   #list 类型转换为 numpy 矩阵类型
    result = result.T                           #转置运算
    result = np.array(list(set([tuple(t) for t in result])))   #set()集合函数去重

    for i in range(result.shape[0] - 1):#去除交叉相等的块序号,序号小的在左边一列
        for j in range(i + 1, result.shape[0]):
            if ((result[i,0] == result[j,1]) and (result[i,1] == result[j,0])):
                if result[i,0] < result[i,1]:
                    result[j,:] = [0,0]
                if result[i,0] > result[i,1]:
                    result[i,:] = [0,0]
    result_T = result.T
    index = result_T.any(0)     #result_T 中对应列全为 0,index 为 false,否则为 True
    result = result[index]                    #去掉为 0 的行
    result = result.T                         #转置后,块序号小的在上面一行

    nap = np.arange(nblock)
    dist = np.zeros(result.shape[1])
```

```python
    for i in range(result.shape[1]):          #求相邻超像素间的颜色欧氏距离
        dist[i] = np.linalg.norm(img_mean[result[0,i]] - img_mean[result[1,i]])

    #颜色距离小于阈值的相邻块合并
    Th = np.mean(dist,0)                       #所有距离的均值作为阈值
    for i in range(result.shape[1]):
        if dist[i] <= (Th):                    #相邻块颜色距离小于阈值,把小的块序号赋给大的
            nap[result[1,i]] = nap[result[0,i]]

    #重新排序
    for i in range(nblock):
        nlabels[ np.where(nlabels == i) ] = nap[i]
    nlabels1 = np.unique(nlabels)              #去除数组中的重复数字,并进行排序
    nblock = nlabels1.shape[0]                 #得到合并后的 SLIC 中的块数
    print(nlabels1)
    print("超像素块数:",nblock)                 #nlabels1 代表超像素合并的结果

    #每个块重新按 i = 0,1...编号,进行下一次合并迭代
    for i in range(nblock):
        nlabels[np.where(nlabels == nlabels1[i])] = i

    img_ContoursEX.append(mark_boundaries(image,nlabels))
    cycle = cycle + 1
print("迭代次数:",cycle)

for i in range(len(img_ContoursEX)):           #显示迭代合并的结果
    cv2.imshow("img",img_ContoursEX[i])
    cv2.waitKey(0)                             #按任意键继续
cv2.destroyAllWindows()

distC_sum = np.zeros((nblock,3))               #nblock 为超像素块数,列对应 RGB3 个通道
distC_mean = np.zeros((nblock,3))
distP_sum = np.zeros((nblock,2))               #列对应 x,y2 个方向
distP_mean = np.zeros((nblock,2))

for k in range(nblock):
    m1 = np.argwhere(nlabels == k)[:,0]        #返回数组中满足条件的像素位置
    n1 = np.argwhere(nlabels == k)[:,1]        #m1、n1 为行和列
    #求各超像素块内所有像素的颜色与空间距离之和
    for i in range(m1.shape[0]):               #m1.shape[0]每个块内的像素个数
        distC_sum[k,:] = distC_sum[k,:] + img[m1[i],n1[i],:]
        distP_sum[k,:] = distP_sum[k,:] + [m1[i],n1[i]]
    #计算各超像素块的颜色距离及空间距离的平均值
    distC_mean[k,:] = distC_sum[k,:] / m1.shape[0]
    distP_mean[k,:] = distP_sum[k,:] / m1.shape[0]
```

```python
#Dc 为颜色距离之和,Ds 为空间距离之和,D 为综合函数,S 为初步显著性值
Dc = np.zeros(nblock)
Ds = np.zeros(nblock)
D = np.zeros(nblock)
S = np.zeros(nblock)
for i in range(nblock):
    for j in range(nblock):            #计算各块与其他块之间的颜色与空间距离
        Dc[i] = Dc[i] + np.linalg.norm(distC_mean[i] - distC_mean[j])
        Ds[i] = Ds[i] + np.linalg.norm(distP_mean[i] - distP_mean[j])
Dc = Dc / max(Dc)                      #归一化
Ds = Ds / max(Ds)

for i in range(nblock):
    D[i] = Dc[i] / (1 + 5 * Ds[i])
    S[i] = 1 - math.exp(-D[i])         #计算每块的初始显著性值
print("合并后每块的初始显著性：",S)

#边界约束
edgenum = np.zeros(nblock)
wb = np.zeros(nblock)
for k in range(nblock):
    m2 = np.argwhere(nlabels == k)[:,0]
    n2 = np.argwhere(nlabels == k)[:,1]
    for i in range(m2.shape[0]):       #统计各块中的图像边缘像素
        if m2[i] == 0 or m2[i] == height or n2[i] == 0 or n2[i] == width:
            edgenum[k] = edgenum[k] + 1
    wb[k] = math.exp(-10 * (edgenum[k] / ((height + width) * 2)))
print("边界约束参数：",wb)

#中心约束
dist_sum = np.zeros(nblock)
wc = np.zeros(nblock)
for k in range(nblock):
    m3 = np.argwhere(nlabels == k)[:,0]
    n3 = np.argwhere(nlabels == k)[:,1]
    for i in range(m3.shape[0]):       #计算各超像素块中像素与图像中心位置的距离
        dist_sum[k] = dist_sum[k] + math.sqrt((m3[i] - height/2 ) ** 2 +
        (n3[i] - width/2 ) ** 2)
    wc[k] = math.exp(-0.02 * dist_sum[k]/m3.shape[0])
print("中心约束参数:",wc)

S1 = np.zeros(nblock)
for i in range(nblock):
    S1[i] = S[i] * wb[i] * wc[i]
S1 = (S1 - min(S1)) / (max(S1) - min(S1)) * 255    #显著性值转化到0~255 范围内
```

```python
print("最终显著值：",S1)

for i in range(nblock):
    nlabels[np.where(nlabels == i)] = S1[i]
nlabels = (np.array(nlabels)).astype(np.uint8)

#最终显著性图
cv2.imshow("saliency",nlabels)
cv2.waitKey(0)
cv2.destroyAllWindows()
cv2.imwrite('./results/result' + str(f + 1) + '.jpg',nlabels)
```

运行显著性检测程序，测试结果如图 7-17 所示，总体效果良好。在上面的代码中，当超像素块数减少到 6 时迭代合并终止，对于不同的图片该阈值可做适当调整。此外，为了说明算法的实现过程，图 7-18 给出了 img1.jpg 的超像素迭代合并以及最终生成的显著性图，其中图 7-18(a)为超像素分割的结果，图 7-18(b)～图 7-18(e)为 4 次迭代合并的结果，对应的超像素块分别为 63、20、7 和 3，合并得到的 3 个超像素块(背景、瓶身和瓶盖)的初始显著值分别为 0.1742、0.1535 和 0.1367(调试过程与结果分析可以在 Jupyter Notebook 下运行 slic.ipynb 文件)，图 7-18(f)是引入约束条件后生成的最终显著性图(8 位单通道图像)，其

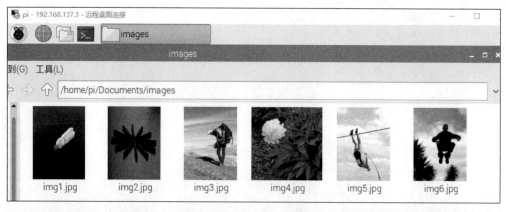

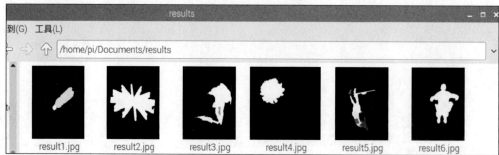

图 7-17 显著性检测结果

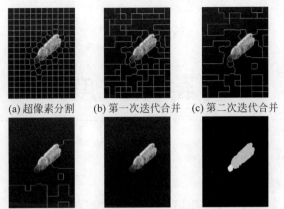

图 7-18 超像素迭代合并过程

中背景区域的最终显著值为 0，瓶盖与瓶身的最终显著值分别为 255 和 233。这说明边界约束与中心约束起到了作用，因为背景区域包含大量的边界像素点，而瓶盖相比瓶身更靠近图像中心位置。

第 8 章 树莓派深度学习应用

深度学习已在众多领域得到了应用,本章将围绕目标检测、人流统计、文字检测与识别等典型应用,介绍其在树莓派上的实现过程。要了解神经网络模型的框架结构与实现步骤,应具备一定的深度学习的相关知识,这对于初学者有一定的困难。本章不会详细介绍算法本身,侧重讲解基于已有的轻量级网络模型来实现特定任务,以便读者快速掌握用树莓派构建深度学习应用的方法。

8.1 YOLO-Fastest 目标检测

YOLO-Fastest
目标检测

目标检测一直是计算机视觉领域的研究热点,在军事、交通、安防等众多领域具有广阔的应用前景。相比图像分类,目标检测更加复杂,不仅需要识别图像中包含哪些目标,而且要对图像中的目标进行定位。基于深度神经网络的目标检测是当前最主要的研究方向,其中 YOLO(You Only Look Once)是最具代表性的一种算法。顾名思义,YOLO 是指"你只需要看一次"就可以识别出图中物体的类别和位置。YOLO 算法中把目标检测视为回归问题,用一个卷积神经网络结构就可以从输入图像直接预测目标边界框和类别概率。YOLO 目标检测器的工作原理如图 8-1 所示。输入图像被划分成 $S×S$ 的网格,以每个网格为中心寻找目标边界框,每个网格会预测 B 个边界框,每个边界框都包含 5 个预测值,即边界框的中心坐标 (x,y)、高度和宽度 (h,w)(分别除以图像的高度和宽度后的归一化值)以及置信度(若网格内没有目标,则置信度为 0)。每个网格还要预测 C 个假定类别的概率,分别表示该网格在包含目标时属于某个类别的概率。

YOLO 算法已有 5 个版本,即 YOLOv1~YOLOv5,这里不展开介绍各版本的算法思路与具体实现,感兴趣的读者可以查看相关文献。当前,YOLOv3、YOLOv4 和 YOLOv5 已在计算机视觉领域得到了广泛应用。YOLOv3 采用了 Darknet-53 网络、anchor 锚框、FPN(特征金字塔网络)等结构; YOLOv4 整体架构和 YOLOv3 相同,但集成了大量深度学习领域的最新成果并对 YOLOv3 的各个子结构进行了改进; YOLOv5 性能与 YOLOv4 相当,但其模型大小只有 27MB,推理速度最快。

需要说明的是,YOLOv3 和 YOLOv4 的官方代码基于 darknet 框架,可以直接使用

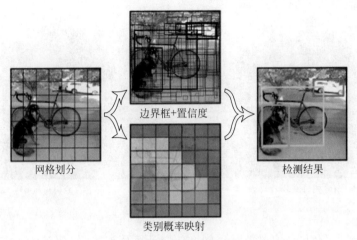

图 8-1　YOLO 目标检测算法流程

OpenCV 中深度神经网络模块(DNN)读取模型的权重文件(.weight)与配置文件(.cfg)实现目标检测。OpenCV 不能训练神经网络模型,但可以加载采用深度学习框架训练好的模型进行推理。OpenCV 在载入模型时会使用自己的 DNN 模块对模型重写,从而提高了模型的运行效率。为了使用 OpenCV 中 DNN 模块,并能正常运行后面相关案例的代码,建议安装 OpenCV 4.4 以上的版本。笔者在树莓派上安装的 opencv-python 版本是 4.4.0.42,安装命令是 **sudo pip3 install opencv-python**,也可以从 piwheels 网站下载树莓派预编译二进制包,采用离线安装命令 **sudo pip3 install opencv_python-4.4.0.42-cp35-cp35m-linux_armv7l.whl** 进行安装。

　　YOLOv5 的代码实现是基于 PyTorch 深度学习框架的,OpenCV 的 DNN 模块并不支持 PyTorch 训练的模型(.pth 文件)。为了不依赖深度学习框架,直接采用 OpenCV 实现 YOLOv5 目标检测,需要把.pth 文件转换为.onnx 文件,再加载到 OpenCV 的 DNN 模块中进行前向计算。读者可以直接下载 YOLOv5 代码以及转换好的.onnx 文件(https://github.com/hpc203/yolov5-dnn-cpp-python-v2)。此外,YOLOv5 包括 4 种网络结构(Yolov5s、Yolov5m、Yolov5l 和 Yolov5x),其中 Yolov5s 网络最小,速度最快;其他 3 种在 Yolov5s 的基础上不断加深加宽网络,精度不断提升,但运行速度也越来越慢。

　　相比 YOLOv3、YOLOv4,轻量级的 Yolov5 可以在树莓派上进行部署与测试。笔者在树莓派 3B+ 和 4B 上运行了网络模型最小的 Yolov5s,测试结果分别如图 8-2(a)和图 8-2(b)所示,检测效果良好。虽然 Yolov5s 模型并不大,但仍然不太适合直接应用于树莓派,树莓派 3B+ 和 4B 单幅图像的推理时间分别超过了 10s 和 4s。为提高目标检测的实时性,需要更加轻量级的模型。

　　YOLO-Fastest 是目前最快的、最轻量的改进版 YOLO 通用目标检测算法,骨干架构采用轻量级神经网络 EfficientNet-lite,其模型只有 1.3MB。YOLO-Fastest 的优势在于打破了计算力的瓶颈,能在更多的低成本终端设备上实时运行目标检测算法。例如,基于

(a) 树莓派3B+　　　　　　　　　(b) 树莓派4B

图 8-2　YOLOv5 测试结果

ncnn 推理框架(腾讯优图的高性能神经网络前向计算框架)在树莓派 3B 上 320×320px 图像的单次推理时间约为 60ms，而在性能更加强劲的树莓派 4B 上单次推理只需 33ms，基本可以实现 30fps 的全实时处理。

YOLO-Fastest 的轻量级模型在大幅提升检测速度的同时也牺牲了一定的准确度，但对于只有几类甚者是单类目标的检测任务，YOLO-Fastest 是完全可以胜任的。当对于检测精度有更高要求时，可以采用加强版 YOLO-Fastest-XL，它的模型也只有 3.5MB，却能实现比 YOLOv3 更好的目标检测效果。

使用 OpenCV 可以非常方便地实现 YOLO-Fastest 目标检测，只需下载基于 COCO 或 VOC 数据集训练得到的 YOLO-Fastest 模型的权重文件与配置文件(https://github.com/hpc203/Yolo-Fastest-opencv-dnn)，然后加载到 OpenCV 的 DNN 模块进行推理运算。图 8-3(a)中两个目录分别对应不同数据集训练的模型,.names 为目标类别名，图 8-3(b)中为 COCO 数据集训练的权重文件与配置文件，其中名称中包含-xl 的文件对应 YOLO-Fastest-XL。

(a) 数据集训练得到的模型　　　　(b) COCO数据集对应的权重与配置文件

图 8-3　YOLO-Fastest 的权重与配置文件

直接查看.cfg 文件很难直观地了解 YOLO-Fastest 的网络结构，这时可以通过 netron 可视化工具来查看网络总体架构以及每一层的输入/输出。netron 支持各种不同网络框架，使用简单方便，输入 **sudo pip3 install netron** 命令完成安装。在树莓派终端输入 netron，然后在浏览器上输入 http://localhost:8080/，即可打开如图 8-4(a)所示的界面。单击

Open Model 按钮,选择路径打开 yolo-fastest.cfg,即可看到对应的网络结构图,如图 8-4(b)所示。

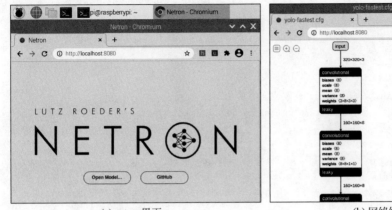

(a) netron 界面　　　　　　　　　　　(b) 网络结构图

图 8-4　netron 查看网络结构

下面介绍使用 OpenCV 和 YOLO-Fastest 实现目标检测的过程。新建脚本 yolo_fastest.py,输入以下代码:

```
import os
import sys
import argparse
import time
import numpy as np
import cv2

# 参数初始化
score_threshold = 0.3                    # 置信度阈值
nms_threshold = 0.4                      # 非最大抑制阈值
inpWidth = 320                           # 输入图像的宽
inpHeight = 320                          # 输入图像的高

# 模型的配置和权重文件,使用它们加载网络
# modelConfig = "Yolo-Fastest-voc/yolo-fastest.cfg"
# modelWeights = "Yolo-Fastest-voc/yolo-fastest.weights"
modelConfig = "Yolo-Fastest-coco/yolo-fastest-xl.cfg"
modelWeights = "Yolo-Fastest-coco/yolo-fastest-xl.weights"
# 加载类名
# classesFile = "voc.names"
classesFile = "coco.names"
classes = None

with open(classesFile, 'r') as f:
```

```python
    classes = [line.strip() for line in f.readlines()]
#每类目标随机选择一种颜色标记
colors = [np.random.randint(0, 255, size = 3).tolist() for _ in range(len(classes))]

#获取输出层名称
def getOutputsNames(net):
    #获取网络所有层的名称
    layersNames = net.getLayerNames()
    #函数 getUnconnectedOutLayers 获取输出层的索引
    return [layersNames[i[0] - 1] for i in net.getUnconnectedOutLayers()]

#绘制边框并输出识别结果
def drawlabel(frame, classId, conf, left, top, right, bottom):
    #边框绘制
    cv2.rectangle(frame, (left, top), (right, bottom), colors[classId], thickness = 2)
    log = ''
    #生成类名及置信度标注
    if classes:
        assert (classId < len(classes))
        label = '%s:%s' % (classes[classId],format('%.2f' % conf))
        log = time.strftime("%Y-%m-%d %H:%M:%S", time.localtime()) + ',' + label + '\n'
    #在边界框的顶部显示标注
    cv2.putText(frame, label, (left, top - 6), cv2.FONT_HERSHEY_SIMPLEX,
                0.6, colors[classId], thickness = 2)
    return log

#使用非最大值抑制去除低置信度的边界框
def postprocess(frame, outs):
    H,W = frame.shape[:2]
    #保留网络输出的最高置信度的边界框,将目标指定为得分最高的类别
    classIds = []
    scores = []
    boxes = []
    for out in outs:
        for detection in out:
            confidences = detection[5:]
            classId = np.argmax(confidences)
            score = confidences[classId]
            if score > score_threshold:
                center_x = int(detection[0] * W)
                center_y = int(detection[1] * H)
                width = int(detection[2] * W)
                height = int(detection[3] * H)
                left = int(center_x - width / 2)
                top = int(center_y - height / 2)
                classIds.append(classId)
```

```python
            scores.append(float(score))
            boxes.append([left, top, width, height])

'''利用OpenCV内置的DNN模块即可实现非最大值抑制,
需要的参数是边界框、最大置信度、置信度阈值和NMS阈值'''
indices = cv2.dnn.NMSBoxes(boxes, scores, score_threshold, nms_threshold)
for i in indices:
    i = i[0]
    box = boxes[i]
    left = box[0]
    top = box[1]
    width = box[2]
    height = box[3]
    log = drawlabel(frame, classIds[i], scores[i], left, top, left + width, top + height)
    with open('./data.log', 'a') as f:
        f.writelines(log)                       #保存日志文件

if __name__ == '__main__':
    #创建解析对象
    parser = argparse.ArgumentParser(description = 'Object Detection using YOLO-fastest')
    #添加命令行参数和选项,选择测试图片或视频
    parser.add_argument('--image', type = str, help = 'Path to image file.')
    parser.add_argument('--video', type = str, help = 'Path to video file.')
    args = parser.parse_args()                  #进行解析

    if args.image:                              #本地图片文件
        if not os.path.isfile(args.image):
            print("输入图片不存在")
            sys.exit()                          #退出程序
        cap = cv2.VideoCapture(args.image)      #读入图片
        outputFile = args.image.split('.')[0] + '_result.jpg'
    elif args.video:                            #本地视频文件
        if not os.path.isfile(args.video):
            print("视频文件不存在")
            sys.exit()
        cap = cv2.VideoCapture(args.video)
        outputFile = args.video.split('.')[0] + '_result.avi'
    else:                                       #摄像头输入
        cap = cv2.VideoCapture(0)
        outputFile = "yolo_fastest_result.avi"

    if not args.image:                          #输入为视频时指定输出视频文件的编码格式
        vid_writer = cv2.VideoWriter(outputFile, cv2.VideoWriter_fourcc('M','J','P','G'), 30,
                        (round(cap.get(cv2.CAP_PROP_FRAME_WIDTH)),
                         round(cap.get(cv2.CAP_PROP_FRAME_HEIGHT))))
```

```python
# 加载训练好的模型
net = cv2.dnn.readNetFromDarknet(modelConfig, modelWeights)
# 后端设置为 OpenCV
net.setPreferableBackend(cv2.dnn.DNN_BACKEND_OPENCV)
# 设置为使用 CPU
net.setPreferableTarget(cv2.dnn.DNN_TARGET_CPU)

while cv2.waitKey(1) < 0:                              # 按任意键退出程序
    ret, frame = cap.read()
    if not ret:                                        # 文件结束
        print("检测完成,结果保存为文件", outputFile)
        cv2.waitKey(2000)
        cap.release()
        break

    # 将图像帧转化为 blob 并在网络中前向传递获得输出层的检测结果
    blob = cv2.dnn.blobFromImage(frame, 1 / 255.0, (inpWidth, inpHeight), [0, 0, 0],
        swapRB = False, crop = False)
    net.setInput(blob)
    outs = net.forward(getOutputsNames(net))

    # 去除置信度低的边界框
    postprocess(frame, outs)

    # 函数 getPerfProfile 返回推理的总时间(t)和每个层的计时(在 layertimes 中)
    t, _ = net.getPerfProfile()
    label = 'Inference time: %.2f ms' % (t * 1000.0 / cv2.getTickFrequency())
    cv2.putText(frame, label, (0, 15), cv2.FONT_HERSHEY_COMPLEX, 0.6,
                (255, 255, 255), thickness = 2)

    if args.image:
        cv2.imwrite(outputFile, frame.astype(np.uint8))
    else:
        vid_writer.write(frame.astype(np.uint8))

    winName = 'Object Detection using YOLO-fastest'
    cv2.imshow(winName, frame)

cv2.destroyAllWindows()
```

目标检测第一阶段会直接排除掉低于置信度阈值的检测结果。对剩余可能的结果再执行非最大抑制去除重叠,仅保留置信度最高的边界框。非最大抑制由一个参数 nms_threshold 控制。上面的代码通过命令行参数指定输入源,可以是图像、视频文件,也可以是摄像头采集的视频流。

首先,在树莓派 3B+上进行测试,输入 **python3 yolo-fastest.py --image dog.jpg** 运行程

序,检测结果如图 8-5 所示,其中图 8-5(a)和图 8-5(b)图分别为 YOLO-Fastest 和 YOLO-Fastest-XL 模型的检测结果,同样地,只需将--image 参数改为需要测试的其他图片就可以得到相应的结果,图 8-5(c)和图 8-5(d)给出了 bus.jpg 的检测结果。

图 8-5 目标检测结果对比

类似地,输入 python3 yolo-fastest.py --video highway.avi 就可以实现视频流中的目标检测,检测结果如图 8-6 所示。

图 8-6 视频目标检测结果对比

其次，在树莓派 4B 上再次运行程序，发现相同条件下树莓派 4B 的推理时间缩短了 50% 左右，如表 8-1 所示，其中斜线分隔的两个数分别对应 YOLO-Fastest 和 YOLO-Fastest-XL 模型。

表 8-1 树莓派 3B+ 与 4B 推理时间对比

测试图片/视频	推理时间/(毫秒/帧)	
	树莓派 3B+	树莓派 4B
dog.jpg	224.01/510.51	107.71/236.18
bus.jpg	224.34/509.50	107.60/236.35
highway.avi	230.13/524.07	107.48/236.27

比较来看，YOLO-Fastest-XL 检测准确度明显优于 YOLO-Fastest，且目标预测概率更高。对于相对简单的应用场景，YOLO-Fastest 也可以得到很好的检测结果，而且推理时间明显要少于 YOLO-Fastest-XL。对于图像中存在多个小目标或者目标相对密集的情况，二者的检测结果都会出现漏检或误检。原因在于，虽然每个网格可以预测多个边界框，但最终只选择置信度最高的边界框作为输出，这意味着每个网格只预测出一个目标。当目标比较小，每个网格包含多个目标时，只能检测出其中一个。

以上只是简单介绍了在树莓派上测试轻量级目标检测模型的过程，如果需要实际部署与应用可以采用基于 ncnn 推理来实现，以便真正实现全实时处理。

8.2 人流量统计

人流量统计已广泛用于城市交通、客运、旅游等需要进行人数统计或限制人数的场合。人流量统计所需要的硬件设备少，主要是通过摄像头采集视频图像，由软件进行分析统计人数，本质上是对图像中人体目标的识别与追踪，也就是在图像帧中找到人体目标的位置，再通过跟踪算法将相邻图像帧中的目标进行匹配，以此实现追踪。

本节将目标检测器与目标中心追踪器结合起来使用实现人流量统计。首先采用 YOLO-Fastest-XL 检测器识别图像中的人体目标，再定义目标中心追踪类 CenterTracker 并根据相邻图像帧中目标外接框的中心坐标间的欧氏距离（两个中心位置的欧氏距离）进行目标匹配（假定在相邻帧中每个目标的位移相比它与其他目标间的距离都要短），保证每个目标始终只有一个特定的 ID。人数统计是指在图像中间画线，当目标从上往下穿过中线时记入下行人数，反之计入上行人数。下面给出具体实现过程。创建脚本 person_count.py，输入以下内容：

```
import os
import sys
import time
```

```python
import numpy as np
import cv2
from center import *

score_threshold = 0.3
nms_threshold = 0.4
inpWidth = 320
inpHeight = 320
cv2.namedWindow("person_count", 0)
cv2.resizeWindow("person_count", 960, 480)          # 设置显示窗口大小

# 模型的配置、权重文件以及类名
modelConfig = "Yolo-Fastest-coco/yolo-fastest-xl.cfg"
modelWeights = "Yolo-Fastest-coco/yolo-fastest-xl.weights"
classesFile = "coco.names"
classes = None

with open(classesFile, 'r') as f:
    classes = [line.strip() for line in f.readlines()]

class Object:                                        # 定义目标类
    def __init__(self, objectID, centroid):
        self.objectID = objectID                     # 存储目标 ID
        self.centroids = [centroid]                  # 存储目标所有的中心位置
        self.counted = False                         # 标记目标是否被计数器统计过

# 获取输出层名称
def getOutputsNames(net):
    layersNames = net.getLayerNames()
    return [layersNames[i[0] - 1] for i in net.getUnconnectedOutLayers()]

# 绘制边框并输出识别结果
def drawlabel(frame, classId, conf, left, top, right, bottom):
    cv2.rectangle(frame, (left, top), (right, bottom), (255,255,255), thickness=2)
    if classes:
        assert (classId < len(classes))
        label = '%s:%s' % (classes[classId], format('%.2f' % conf))
    cv2.putText(frame, label, (left, top-6), cv2.FONT_HERSHEY_SIMPLEX,
                0.6, (255,255,255), thickness=2)

def nms_postprocess(frame, outs):
    H, W = frame.shape[:2]
    classIds = []
    scores = []
    boxes = []
    rects = []                                       # 存储目标外界框左上点、右下点坐标
```

```python
    for out in outs:                              # 扫描网络输出的所有边界框,只保留置信度高的框
        for detection in out:
            confidences = detection[5:]
            classId = np.argmax(confidences)
            score = confidences[classId]
            if score > score_threshold:
                # 将标签是"人"的目标筛选出来
                if classes[classId] == "person":
                    center_x = int(detection[0] * W)
                    center_y = int(detection[1] * H)
                    width = int(detection[2] * W)
                    height = int(detection[3] * H)
                    left = int(center_x - width / 2)
                    top = int(center_y - height / 2)
                    classIds.append(classId)
                    scores.append(float(score))
                    boxes.append([left, top, width, height])

    # 执行非最大抑制以消除冗余重叠框
    indices = cv2.dnn.NMSBoxes(boxes, scores, score_threshold, nms_threshold)

    for i in indices:
        i = i[0]
        box = boxes[i]
        left = box[0]
        top = box[1]
        width = box[2]
        height = box[3]
        drawlabel(frame, classIds[i], scores[i], left, top, left + width, top + height)
        startX = left
        startY = top
        endX = left + width
        endY = top + height
        rects.append((startX, startY, endX, endY))                # 目标框列表

    return rects                                                   # 返回目标框信息

if __name__ == '__main__':
    cap = cv2.VideoCapture('./2.flv')                              # 读取测试视频2.flv
    net = cv2.dnn.readNetFromDarknet(modelConfig, modelWeights)
    net.setPreferableBackend(cv2.dnn.DNN_BACKEND_OPENCV)
    net.setPreferableTarget(cv2.dnn.DNN_TARGET_CPU)

    # 创建追踪器类,根据目标外接框中心坐标来匹配目标
    ct = CenterTracker(Disappearance = 20, Distance = 50)
```

```python
persons = {}                                      # 创建目标对象的空字典
up_count = 0                                      # 上行人数
down_count = 0                                    # 下行人数

while True:
    ret, frame = cap.read()
    H,W = frame.shape[:2]
    cv2.line(frame, (0, H // 2), (W, H // 2), (0, 0, 255), 4)      # 画中线

    tic = time.time()
    if ret:
        blob = cv2.dnn.blobFromImage(frame, 1 / 255.0, (inpWidth, inpHeight), [0, 0, 0],
                                     swapRB = False, crop = False)
        net.setInput(blob)
        outs = net.forward(getOutputsNames(net))
        rects = nms_postprocess(frame, outs)
        objects = ct.update(rects)                # 目标匹配,更新目标外界矩形框列表

        for (objectID, centroid) in objects.items():
            obj = persons.get(objectID, )         # 根据 ID 获取目标对象
            # 如果没有对应目标,新建目标
            if obj is None:
                obj = Object(objectID, centroid)
            else:
                y = [c[1] for c in obj.centroids]        # 目标中心 y 坐标
                obj.centroids.append(centroid)
                if not obj.counted:                      # 目标还未被统计
                    '''根据目标中心 y 坐标之前的平均值、当前目标中心 y 坐标与中线的
                    相对关系来判断目标跨线'''
                    # 目标往上移动且过中线时
                    if np.mean(y) >= H // 2 and centroid[1] < H // 2:
                        up_count += 1
                        obj.counted = True
                    # 目标往下移动且过中线时
                    elif np.mean(y) <= H // 2 and centroid[1] > H // 2:
                        down_count += 1
                        obj.counted = True

            persons[objectID] = obj

            text = "ID{}".format(objectID)
            cv2.putText(frame, text, (centroid[0] - 10, centroid[1] - 10),
                        cv2.FONT_HERSHEY_SIMPLEX, 1, (0, 255, 255), 2)
            cv2.circle(frame, (centroid[0], centroid[1]), 3, (0, 255, 255), -1)
    # 显示每帧运行时间
```

```python
        toc = time.time()
        tlabel = 'time: %.2f ms' % ((toc - tic) * 1000.0)
        cv2.putText(frame, tlabel, (25, 50), cv2.FONT_HERSHEY_COMPLEX, 1,
                    (255, 255, 255), thickness = 2)

        #显示人流量数据
        plabel = "persons: {} up, {} down".format(str(up_count), str(down_count))
        cv2.putText(frame, plabel, (25, 20), cv2.FONT_HERSHEY_COMPLEX, 1,
                    (255, 255, 255), thickness = 2)
        cv2.imshow("person_count", frame)
        if cv2.waitKey(1) & 0xff == ord('q'):
            break

cap.release()  #停止捕获视频
cv2.destroyAllWindows()
```

上面代码中的 CenterTracker 类包括了增加新目标、删除消失的目标以及更新连续图像帧中目标匹配关系的函数，两个参数分别表示当目标连续消失的帧数和相邻帧中目标的最大位移，即当目标连续消失超过 20 帧时删除该目标。若连续两帧中目标中心位置距离超过 50px，则判定它们不是同一目标。CenterTracker 类对应的脚本 center.py 代码如下：

```python
from collections import OrderedDict
import numpy as np
from scipy.spatial.distance import cdist

class CenterTracker():
    def __init__(self, Disappearance, Distance):
        #初始化新出现目标的 ID
        self.nextObjectID = 0
        '''两个有序字典，objects用来存储ID和中心坐标；disappeared存储ID和对应目标
        已连续消失的帧数'''
        self.objects = OrderedDict()
        self.disappeared = OrderedDict()
        #设置最大连续消失帧数和相邻帧目标最大移动距离
        self.maxDisappearance = Disappearance
        self.maxDistance = Distance

    def append(self, self, centroid):                    #在字典中增加新目标并更新 ID
        self.objects[self.nextObjectID] = centroid
        self.disappeared[self.nextObjectID] = 0
        self.nextObjectID += 1

    def delete(self, self, objectID):                    #在字典中删除消失的目标
        del self.objects[objectID]
```

```python
            del self.disappeared[objectID]

    def update(self, rects):
        if len(rects) == 0:
            #若目标外接矩形列表为空,每个已注册的目标标记一次消失
            for objectID in self.disappeared.keys():
                self.disappeared[objectID] += 1
                #超过连续消失帧数阈值时删除目标
                if self.disappeared[objectID] > self.maxDisappearance:
                    self.delete(objectID)
            return self.objects

        #初始化存储目标外接矩形中心位置的矩阵
        newCentroids = np.zeros((len(rects), 2), dtype = "int")

        #计算每个目标矩形的中心
        for (k, (startX, startY, endX, endY)) in enumerate(rects):
            X = int((startX + endX) / 2.0)
            Y = int((startY + endY) / 2.0)
            newCentroids[k] = (X, Y)

        if len(self.objects) == 0:                      #目标列表为空,增加新目标
            for i in range(0, len(newCentroids)):
                self.append(newCentroids[i])
        else:                                           #进行目标匹配
            objectIDs = list(self.objects.keys())       #获取目标ID和中心位置
            oldCentroids = list(self.objects.values())

            #计算已有目标与当前帧中目标的距离
            Dist = cdist(np.array(oldCentroids), newCentroids)
            #rows 按与当前帧中目标距离从小到大的顺序存储已有目标的ID
            rows = Dist.min(axis = 1).argsort()
            #cols 存储与已有目标距离最近的当前帧中目标的ID
            cols = Dist.argmin(axis = 1)[rows]

            #定义两个空的集合
            usedrows = set()
            usedcols = set()

            for (row, col) in zip(rows, cols):
                #判断目标是否已被更新过
                if row in usedrows or col in usedcols:
                    continue
                #判断目标中心距离是否超过阈值
                if Dist[row, col] > self.maxDistance:
                    continue
```

```
            #更新目标匹配关系
            objectID = objectIDs[row]
            self.objects[objectID] = newCentroids[col]
            self.disappeared[objectID] = 0
            #将索引放入已更新的集合
            usedrows.add(row)
            usedcols.add(col)

            #计算未参与更新的 row 和 col
            unusedrows = set(range(0, Dist.shape[0])).difference(usedrows)
            unusedcols = set(range(0, Dist.shape[1])).difference(usedcols)

            #若已有目标数多于当前帧中的目标数,表明有目标消失
            if Dist.shape[0] >= Dist.shape[1]:
                for row in unusedrows:
                    #获取未更新目标的 ID,将其连续消失帧数加 1
                    objectID = objectIDs[row]
                    self.disappeared[objectID] += 1
                    #若连续消失帧数大于阈值,删除目标
                    if self.disappeared[objectID] > self.maxDisappearance:
                        self.delete(objectID)
            #反之,表明当前帧中有新目标出现,增补目标
            else:
                for col in unusedcols:
                    self.append(newCentroids[col])

        return self.objects                    #返回目标列表
```

在树莓派 4B 终端输入 python3 person_count.py 运行程序,人流量统计结果如图 8-7 所示,每帧图像处理时间约为 320ms。可以看出,算法运行速度较快,但由于目标检测结果受摄像头角度、成像条件以及场景复杂程度等因素影响较大,当目标检测出现漏检时会造成人流量统计不够准确。另外,采用简单的目标中心追踪也容易导致目标匹配失败,从而重新分配目标 ID。如果只是进行人流量的粗略统计,那么该方法还是具有实用性的。

此外,利用百度智能云平台的人流量统计功能可以对单张图像进行静态人数统计,对图像序列或视频帧图像进行动态人数统计。使用百度人流量统计需要安装百度 aip 库,创建应用并进行必要的配置(过程与 7.3 节相同),也可以直接使用已有的 AppID、API Key 和 Secret Key 信息,此处不再赘述。下面介绍具体实现过程,创建脚本 body_tracking.py,输入以下内容:

```
import argparse
import numpy as np
import time
import base64
```

图 8-7　YOLO-Fastest 人流量统计

```
from aip import AipBodyAnalysis
import cv2

#将??????替换为自己的授权信息
APP_ID = '??????'
API_KEY = '??????'
SECRET_KEY = '??????'

client = AipBodyAnalysis(APP_ID, API_KEY, SECRET_KEY)

def get_file_content(filePath):                          #读取图片
    with open(filePath, 'rb') as fp:
        return fp.read()

if __name__ == '__main__':
    #设置命令行参数
    parser = argparse.ArgumentParser(description = 'Baidu Body Tracking')
    #选择测试图片或视频
    parser.add_argument('-- image', type = str, help = 'Path to image file.')
    parser.add_argument('-- video', type = str, help = 'Path to video file.')
    args = parser.parse_args()

    if args.image:                                       #本地图片文件
```

```python
        cap = cv2.VideoCapture(args.image)              # 读入图片
        outputFile = args.image.split('.')[0] + '_result.jpg'
        dynamic = "false"                                # 静态人数统计
        """可选参数,参考百度官方文档"""
        options = {}
        options["show"] = "true"
    else:
        if args.video:                                   # 本地视频文件
            cap = cv2.VideoCapture(args.video)
            outputFile = args.video.split('.')[0] + '_result.avi'
        else:                                            # 摄像头输入
            cap = cv2.VideoCapture(0)
            outputFile = "body_tracking_result.avi"

        width = int(cap.get(cv2.CAP_PROP_FRAME_WIDTH))
        height = int(cap.get(cv2.CAP_PROP_FRAME_HEIGHT))
        fps = cap.get(cv2.CAP_PROP_FPS)
        vid_writer = cv2.VideoWriter(outputFile, cv2.VideoWriter_fourcc(*'mp4v'),
                              fps, (width,height))       # 输出保存为视频文件

        dynamic = "true"                                 # 动态人数统计
        """可选参数,参考百度官方文档"""
        options = {}
        options["case_id"] = 1
        options["case_init"] = "false"
        options["show"] = "true"
        # 选择图像下半部分区域
        options["area"] = "1," + str(height//2) + "," + str(width-1) + "," + str(height//2) + ","\
                    + str(width-1) + "," + str(height-1) + ",1," + str(height-1)

frame_num = 0
person_in = 0                                            # 进出区域人数
person_out = 0
while True:
    ret, frame = cap.read()
    if not ret:                                          # 视频结束
        cap.release()
        break

    if frame_num % 3 == 0:                               # 每隔3帧处理一次
        cv2.imwrite('body.jpg',frame)                    # 保存为jpg文件
        image = get_file_content('body.jpg')             # 读取图像,为字节型数据
        tic = time.time()
        if dynamic == "false":
            # 调用人流量统计,返回图中的总人数
            message = client.bodyTracking(image, dynamic,options)
```

```python
    else:
        #返回总人数、跟踪ID、区域进出人数
        message = client.bodyTracking(image, dynamic, options)
    toc = time.time()
    print('单次处理时长: ' + '%.2f' % (toc - tic) + 's')

    num = message['person_num']              #检测到的人体框数目
    results = message['person_count']        #进出区域的人数
    in_num = results['in']                   #当前帧从上方往下走到框里的人数
    out_num = results['out']                 #当前帧从下方往上走出框里的人数
    #print("检测到 %d 个人, %d 人进入区域, %d 人离开区域" % (num, in_num, out_num))

    img = base64.b64decode(message['image']) #结果图解码为二进制数据
    #二进制数据流转 np.ndarray
    img = cv2.imdecode(np.frombuffer(img, np.uint8), cv2.COLOR_BGR2RGB)

    if args.image:                           #保存结果
        label = "person_num: %d" % num
        cv2.putText(img, label, (0, 25), cv2.FONT_HERSHEY_COMPLEX, 1,
                    (0, 0, 255), thickness = 2)
        cv2.imwrite(outputFile, img)
    else:
        person_in += in_num                  #累计进区域人数
        person_out += out_num                #累计出区域人数
        label = "person_num: %d, in: %d, out: %d" % (num, person_in, person_out)
        cv2.putText(img, label, (0, 25), cv2.FONT_HERSHEY_COMPLEX, 1,
                    (0, 0, 255), thickness = 2)
        vid_writer.write(img)
    frame_num += 1

    winName = 'Baidu Body Tracking'
    cv2.imshow(winName, img)
    cv2.waitKey(1)

cv2.destroyAllWindows()
```

上面的代码通过命令行参数指定输入为单帧图像或是视频。输入为单帧图像时输出结果为全图人数，输入为视频时会进行人体追踪，返回每个人体框所属 ID，并根据目标轨迹判断进出区域行为，进行动态人数统计，返回区域进出人数。为了提高运行效率，程序中每 3 帧处理一次。每次处理返回的 in 和 out 只是当前帧进出区域的人数，不会自动累加，如要需要统计某段时间内进出区域的累计人数，可以基于连续帧的返回结果计算得到。

在树莓派 4B 上运行程序，输入 **python3 body_tracking.py --video 2.flv**，每帧处理时间约为 3s，结果如图 8-8 所示，左上角的文字标注显示的是当前帧中检测到的人数以及累计进

图 8-8　百度人流量统计

出区域的人数。与前面基于 YOLO-Fastest-XL 进行人流量统计相比，百度智能云平台的人流量统计运行速率明显偏慢，但结果更加准确。目标检测的好坏直接决定了人流量统计的准确度，如图 8-9 所示，对于存在密集目标以及目标之间重叠的复杂场景，百度人流量统计效果仍不太理想。

图 8-9　复杂场景人流量统计

8.3　文本检测与识别

图像文字检测和识别技术有着广泛的应用场景。当前，扫描文档识别技术已经很成熟，而自然场景图像文本检测与识别的效果还不够理想，受成像条件、拍摄角度、分辨率等因素的影响较大。基于深度学习的文字检测与识别在一定程度上可以较好地应对上述问题。本节简要介绍在树莓派上快速实现图像中文字检测与识别的方法。

chineseocr_lite是一款开源、实用的超轻量级中文OCR，支持竖排文字识别，也支持ncnn推理，模型大小仅为4.7MB。它采用可微分二值化网络模型（DBNet）实现文本检测。DBNet是当前公认的效果最好的文本检测器之一，它是一种基于分割的文字检测算法，可以在分割网络中自适应地设置阈值执行二值化过程，不仅简化了后处理，而且提高了检测性能，特别是对于排列较密集的文本也有很好的检测效果。另外，chineseocr_lite通过行文本方向分类网络对检测到的文本进行方向旋转，并采用被广泛使用的卷积循环神经网络结构（CRNN）进行文本识别。

下面介绍基于chineseocr_lite实现文本检测与识别的过程。首先，下载chineseocr_lite（https://github.com/DayBreak-u/chineseocr_lite）到树莓派并进行必要的配置，步骤如下：进入chineseocr_lite-onnx目录，输入 **sudo pip3 install -r requirements.txt -i https://pypi.tuna.tsinghua.edu.cn/simple**，安装指定的依赖库。如果树莓派中已经安装了某些高版本的依赖库，那么可以将requirements.txt中的版本号去掉后再运行上面的命令，以防止被强制替换成低版本的库文件。需要说明的是，由于onnxruntime官方并没有发布python3.7-linux-armv7l对应的whl，所以需要自己编译源码或者下载（https://github.com/nknytk/built-onnxruntime-for-raspberrypi-linux/tree/master/wheels），然后输入离线安装命令 **sudo pip3 install onnxruntime-1.7.1-cp37-cp37m-linux_armv7l.whl** 进行安装。此外，还有可能需要安装几何引擎库，命令为 **sudo apt-get install libgeos-dev**。

安装完毕后，进入\chineseocr_lite-onnx\backend目录，输入 **python3 main.py** 运行程序，在浏览器地址栏输入192.168.137.3（树莓派IP）:8089即可打开网页界面，拖动或粘贴图片，单击"识别"按钮就能得到结果，如图8-10所示。可以看出，中英文以及数字都可以被准确地检测与识别，效果非常不错。

其次，利用百度智能云平台的OCR功能也可以轻松实现文本检测与识别（https://cloud.baidu.com/doc/OCR/index.html）。创建脚本baidu-ocr.py，输入以下代码：

```python
from aip import AipOcr

# 配置百度AipOcr,将～～～～～～替换成自己的授权信息
APP_ID = '～～～～～～'
API_KEY = '～～～～～～'
SECRET_KEY = '～～～～～～'
"""通过注册获得APP_ID、API_KEY、SECRET_KEY,调用接口实现OCR"""
client = AipOcr(APP_ID, API_KEY, SECRET_KEY)

def get_file_content(filePath):
    with open(filePath, 'rb') as fp:
        return fp.read()
```

图 8-10 chineseocr 文字识别

```
def image2text(fileName,options):
    image = get_file_content(fileName)
    dic_result = client.basicAccurate(image, options)    #调用通用文字识别(高精度版)
    res = dic_result['words_result']                     #提取识别结果
    text = '文字识别结果: \n'
    for i,item in enumerate(res):
        text = text + str(i+1) + ').' + str(item['words']) + ',' + str(item['probability']
            ['average']) + '\n'
    return text

if __name__ == '__main__':
    """ 可选参数,参考百度官方文档"""
    options = {}
    options["detect_direction"] = "true"                 #检测图像朝向
    options["probability"] = "true"                      #返回识别结果中每一行的置信度

    getresult = image2text('12.jpg',options)
    print(getresult)
```

运行程序,结果如图 8-11 所示,识别出了 29 处文本并给出了各自对应的置信度。可以看出,对于字号较小的英文字符的识别还是存在少量的错误。

图 8-11　百度文字识别

此外，基于 PaddlePaddle 的 PP-OCR 也是百度提出的一种技术领先、开源且实用的超轻量级（模型大小 3.5MB）OCR 系统。它采用传统的先检测、后识别的流程，主要包括文本检测、检测框校正和文本识别 3 部分，其中文本检测和识别过程也分别采用了 DBNet 和 CRNN。这种超轻量模型对火车票、表格、金属铭牌、翻转图片等都能到达很高的识别精度。需要说明的是，目前 PaddlePaddle 暂不支持 ARM 架构 CPU，要在树莓派上使用 PP-OCR，需要采用本地源码编译的方式安装 PaddlePaddle 轻量化推理引擎 Paddle Lite（支持 PaddlePaddle 深度学习框架生成的模型格式），详情可参见官方技术文档（https://github.com/PaddlePaddle/Paddle-Lite）。

参 考 文 献

[1] MATTHES E. Python 编程：从入门到实践[M].袁国忠,译.北京：人民邮电出版社,2016.
[2] 陈佳林.智能硬件与机器视觉：基于树莓派、Python 和 OpenCV[M].北京：机械工业出版社,2020.
[3] DONAT W. Python 树莓派编程[M].韩德强,等译.北京：机械工业出版社,2017.
[4] GRIMMETT R. Raspberry Pi 机器人开发指南[M].汤凯,译.北京：电子工业出版社,2016.
[5] KARVINEN T.传感器实战全攻略：41 个创客喜爱的 Arduino 与 Raspberry Pi 制作项目[M].于欣龙,译.北京：人民邮电出版社,2016.

图 书 资 源 支 持

感谢您一直以来对清华大学出版社图书的支持和爱护。为了配合本书的使用，本书提供配套的资源，有需求的读者请扫描下方的"书圈"微信公众号二维码，在图书专区下载，也可以拨打电话或发送电子邮件咨询。

如果您在使用本书的过程中遇到了什么问题，或者有相关图书出版计划，也请您发邮件告诉我们，以便我们更好地为您服务。

我们的联系方式：

地　　址：北京市海淀区双清路学研大厦 A 座 714

邮　　编：100084

电　　话：010-83470236　　010-83470237

资源下载：http://www.tup.com.cn

客服邮箱：tupjsj@vip.163.com

QQ：2301891038（请写明您的单位和姓名）

用微信扫一扫右边的二维码，即可关注清华大学出版社公众号。

教学资源・教学样书・新书信息

人工智能科学与技术
人工智能|电子通信|自动控制

资料下载・样书申请

书圈